张辰亮 著

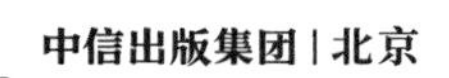

**图书在版编目（CIP）数据**

海错图笔记 / 张辰亮著 . -- 北京 : 中信出版社，
2020.11（2022.2 重印）
ISBN 978-7-5217-2277-2

Ⅰ . ①海… Ⅱ . ①张… Ⅲ . ①海洋生物—青少年读物
Ⅳ . ① Q178.53-49

中国版本图书馆 CIP 数据核字 (2020) 第 181008 号

**海错图笔记**

著　　者：张辰亮
策划推广：北京地理全景知识产权管理有限责任公司
出版发行：中信出版集团股份有限公司
（北京市朝阳区惠新东街甲 4 号富盛大厦 2 座　邮编　100029）
（CITIC Publishing Group）
承 印 者：北京华联印刷有限公司
制　　版：北京美光设计制版有限公司

开　　本：787mm × 1092mm　1/16　　印　　张：15　　字　　数：227 千字
版　　次：2020 年 11 月第 1 版　　印　　次：2022 年 2 月第 10 次印刷
书　　号：ISBN 978-7-5217-2277-2
定　　价：59.80 元

# 目录

## 第一章 介部



## 第二章 鳞部

## 第三章 虫部、禽部、兽部、异象

第一章

# 介部

# 海和尚

## 【 鳖身人首，振臂远航 】

◎　海和尚是一种传说中的生物，在古籍中的形象有点儿混乱。但《海错图》中的海和尚，似乎更接近一种现实中的动物。

海和尚鱉身人首而足稍長廣東新
語具載然未有人親見則難圖康熙
二十八年福寧州海上網得一大鱉
出其首則人首也觀者驚怖投之海
此即海和尚也楊次聞圖述

海和尚贊

海中和尚本不求施
危舟撒米乞僧視之

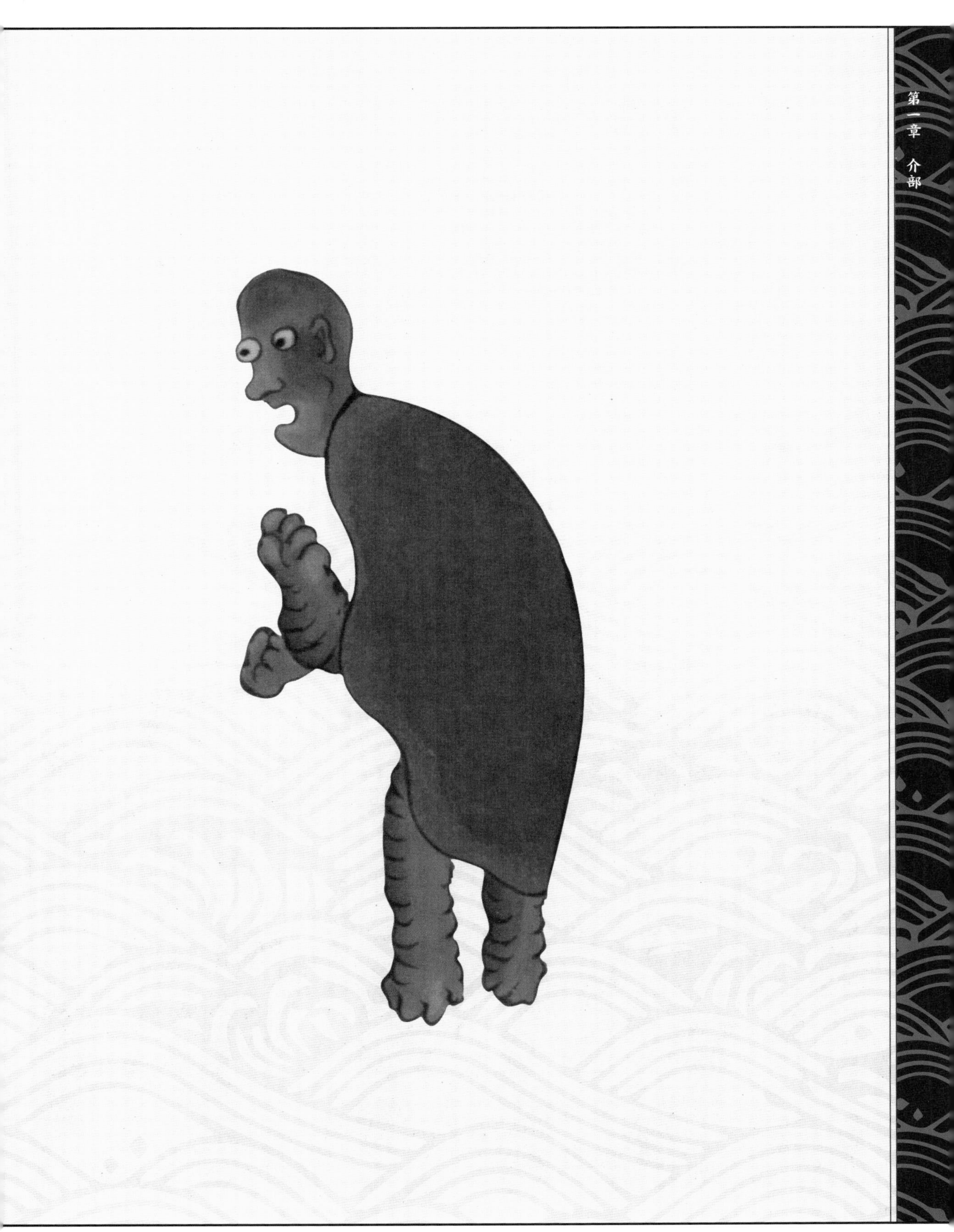

# 海当中钻出一个光头

在中国的古书中，到处可见“海和尚”的传说。这种海中的神秘生物长什么样，一直没有统一的说法。

有人直接把它等同于人头鱼身的人鱼。《广东新语》云：“人鱼雄者为海和尚，雌者为海女。”

有人说它像秃头的猴子。《子不语》写道，某渔民起网时，发现“（渔网中）六七小人趺坐，见人辄合掌作顶礼状，遍身毛如猕猴，髡其顶而无发，语言不可晓。开网纵之，皆于海面行数十步而没。土人云：此号‘海和尚’”。

至于《海错图》，则采用了和《三才图会》类似的说法：“海和尚，鳖身人首而足稍长。”还提供了一件目击案例：“康熙二十八年（1689年），福宁州海上网得一大鳖，出其首，则人首也。观者惊怖，投之海。此即海和尚也。”

▼ 棱皮龟和其他海龟的背壳对比（左一是棱皮龟）

▲ 除了中国的海和尚，其他国家也有类似的“光头海怪”传说。比如欧洲中世纪有人头鱼身的“海修道士”（sea monk），日本有“海坊主”“海座头”。“坊主”在日语里指和尚或秃子，“座头”则是背着琴的盲僧，基本等同于海和尚。这幅歌川国芳绘制的浮世绘《东海道五十三对·桑名》，描述了一位船夫在海上遇到了巨大的光头海怪——海坊主，海坊主问他：“你害怕吗？”船夫回答：“除了生存度日，其他没什么好怕的。”海坊主一听，尴尬地消失了

## 世界第一大龟

说实话，很难给这种怪物找到一个现实中的原型，毕竟每个传说都口径不一。我们不妨缩小范围，只看《海错图》的描述。

首先，这个“鳖身”就很有意思。这意味着海和尚虽是龟形，但壳被皮肤包裹，像鳖一样。海里没有鳖，只有海龟。现存的海龟中，只有一种符合以上描述——棱皮龟。

▲ 棱皮龟的脑袋像和尚吗？见仁见智吧

棱皮龟是地球上现存最大的龟，能长到2.54米，远远大于其他海龟。严格来说，棱皮龟不算海龟。因为其他海龟都属于海龟科，唯独它属于棱皮龟科。棱皮龟科里只有棱皮龟一个种。它的后背没有角质的甲片，而是包了一层革质的皮肤，与其他海龟截然不同，不知道的人也许真的会以为是个大鳖。

棱皮龟也是世界上移动速度最快的爬行动物之一。按身体比例来讲，它的前肢是海龟中最长的。这么长的前肢划起水来，速度可以达到每小时35公里。这也正好和海和尚“足稍长”的记载相符。

至于“人首”嘛，就见仁见智了。棱皮龟脑袋光光，倒是符合和尚的特点。而它的五官，说像人也像，说不像也不像。有些传说里所说的，海和尚被抓住后会流泪、口念经文，可能是棱皮龟从眼中的盐腺排出含盐液体、发出沉重的呼吸和低吼的现象。

## 走向尽头的行脚僧

作为一种接近于恒温的爬行动物，棱皮龟能一直游到冰岛、挪威沿海的寒冷海域，还能做跨大洋的远行。跑这么远，是为了追逐它的猎物——水母。

棱皮龟是狂热的水母爱好者，每天能吃掉500多千克的水母。吃了千百年，最近出事了。有一群叫人类的动物，发明了一种叫塑料袋的东西，并将它们随地乱扔。漂在海中的塑料袋被棱皮龟当作水母，一口吃下。满肚子塑料袋的结果，自然是死亡。

还有一件事也是要命的。蛋中小龟的性别是由气温决定的。温度

▲ 对比科学家和上岸产卵的棱皮龟，可见其体型之大

▼ 巨大的棱皮龟，颇有古昔巨兽的风范。它身边常跟着寻求它保护的、具有斑马花纹的舟鰤（音shī）

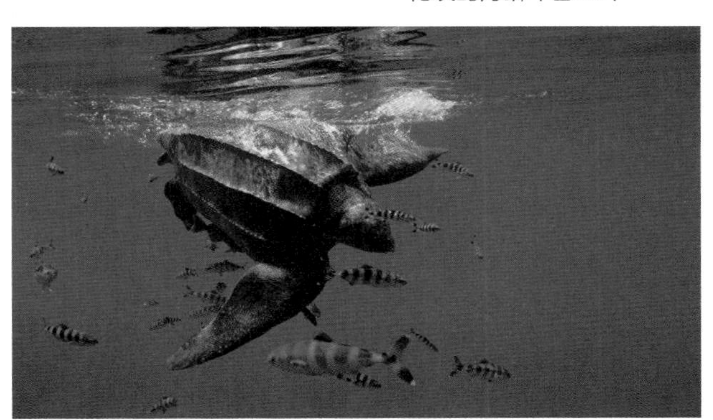

高时，就发育成雌性，温度低就变成雄性。随着全球气候异常，原本合理的雌雄比例被打破，这非常不利于棱皮龟繁衍后代。

马来西亚曾是棱皮龟最多的地方之一。但自1960年以来，它们的数量已经减少了99%。而在中国，近年只是零星报道过几起渔民误捕、尸体搁浅的事件。不管它是不是海和尚的真身，反正注定会和海和尚一样，慢慢地成为传说中的生物。

## 海错图笔记的笔记·棱皮龟

◆ 棱皮龟是地球上现存最大的龟，能长到2.54米。

◆ 它的后背没有角质的甲片，而是包了一层革质的皮肤，与其他海龟不同。

◆ 棱皮龟是世界上移动速度最快的爬行动物之一，速度可以达到每小时35公里。

# 龟脚

## 【非蛎非蚌，如“勿”如“易”】

◎ 龟脚，这种礁石上的海物，知道它的人并不多。其实，它身上有很多故事，有的搞笑，有的让人流口水，有的能要人命……

明季有福寧州守以甲榜蒞任出入州前見有龜脚不知何物又不屑問乃手書水菜牌上云如勿字易字者送進執役不知何物有解者曰必龜脚也試進之果是可為噴飯至今以為笑談

龜脚贊

余苴見夢

烹龜食肉

其殻用占

惟棄龜足

嶺表録曰石蜐得雨則生花蓋鹹水之石因雨黙為胎而結成形如龜爪附石廣韻曰石蜐生石上似龜脚今但稱為亀脚一名仙人掌産浙閩海山潮汐往来之處曰亀脚象其形也曰仙人掌特美其名取承露之意甲屬中之非蠣非蚌獨具奇形者其根生於石上叢聚常大小數十不等其皮赭色如細鱗内有肉一條直滿其爪爪無論大小各五指為堅殼兩旁連而中三指能開合開則常舒細爪以取潮水細虫為食故其下有一口食者剝殼取肉醃鮮皆可為下酒物據海人云鮮時現取而食甚美而獨盛于冬此物多生岩隙或石洞内取者以刀起之入洞取者常有熱氣蒸人則骵為之鼓潮至每有洞穴能入而不能出者雖無頭目是皆各具一種生氣故爾其形詭異中原之人乍見多有驚疑不識者屠掩菴嘗述

中三爪能開闔開則舒爪取食

# 五 花八门的名字

“石蜐（音jié），今称为龟脚，一名仙人掌。”北宋时期的《广韵》里，短短一句话，就给这种动物安上了三个名字。石蜐，看名字能猜出是一种长在石头上的“虫”。那么，后两个名字呢？《广韵》也给出了解释：“曰龟脚，象其形也。曰仙人掌，特美其名。”意思就是，叫它龟脚，是因为它长得像乌龟的脚；叫它仙人掌，只是为了好听些，所以把乌龟换成了仙人。不过，这和植物里的仙人掌无关。

除此之外，它的各种别名也都是形容长相的：佛手贝、狗爪螺、鸡冠贝、观音掌、笔架，日本人叫它“龟手”……而它在科学界的中文名称叫“龟足”。

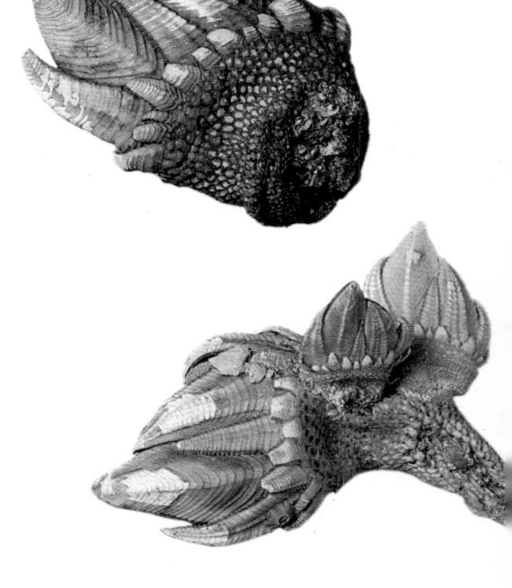

▼ 龟足中间的三个“指头”里，会伸出又细又软的蔓足，抓取水中的食物

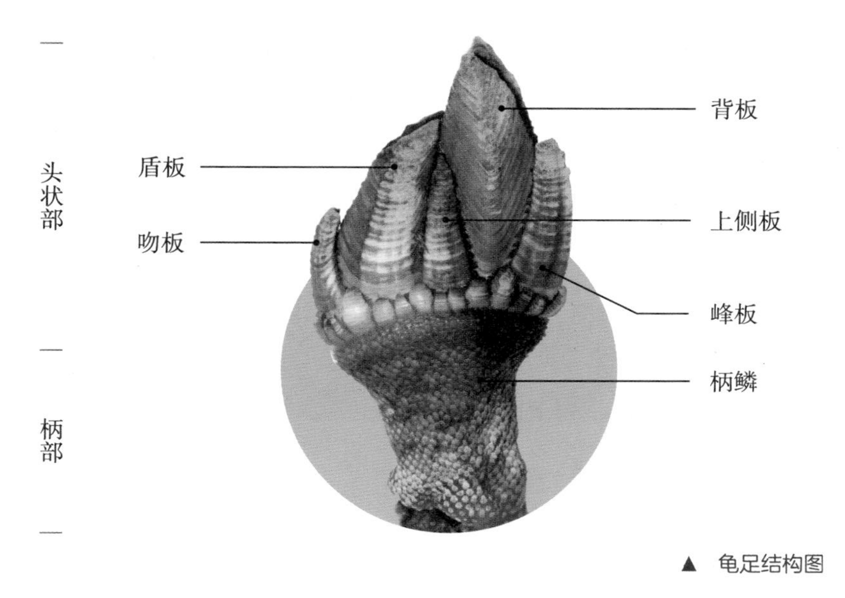


▲ 龟足结构图

## 非蛎非蚌，舒爪取食

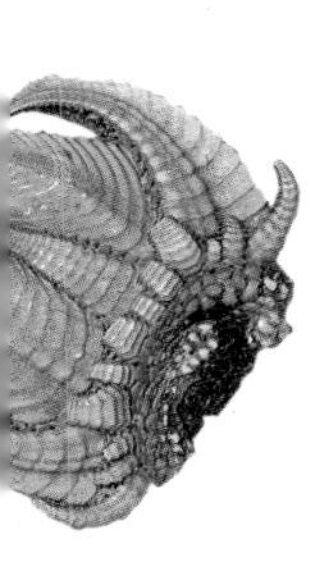

虽然龟足在俗名里被冠以贝、螺之名，但聂璜对此有清醒的认识。他说，龟足“非蛎非蚌”。确实，龟足与贝、螺没有关系。它属于甲壳动物亚门，蔓足下纲，铠茗荷目，指茗荷科，和虾、蟹的关系更近。

可为什么它不能像虾、蟹一样爬行呢？其实它的幼虫是会游、会爬的。一旦找到合适的礁石，幼虫就会把自己固定住，然后慢慢变成龟脚的样子。“脚爪”部位就是它的头状部。聂璜观察得很仔细：“爪无论大小，各五指……中三指能开合，开则常舒细爪，以取潮水细虫为食。”看看实物，还确实是五个“指头”。其实，龟足共有八块壳板，其中三个指头分别由两块壳板拼合而成。当中间的壳板打开后，它就会伸出“细爪”（科学上叫蔓足），抓食水中的浮游生物。

至于“脚脖子”部位，则是它的柄部，负责固定身体。由于要抵抗海浪冲击，柄部的肌肉特别发达，外面还生有粗糙的鳞片。龟足通常将柄部藏在石缝里，只露出头状部。

◀ 附着在礁石上的龟足

## 吃着解闷的小海鲜

龟足这个东西，乍一看好像不能吃，但不少生活在沿海地区的人还就爱吃这一口。他们吃的是龟足的柄部。把外面的硬皮剥掉，里面是一块白肉。这块肉口感紧实，有蟹肉味。虽然就算吃掉一大盘也不解饿，但可以解闷，就像嗑瓜子一样。

中国人吃龟足，一般是白灼或爆炒，当作下酒小菜。江户时代的日本人则把龟足视为滋补的海鲜，会用清酒把它蒸熟，或者做成味噌汤。

## 如“勿”如“易”，有喜有悲

在《海错图》中，还记载了两件关于龟足的逸事。

第一件事比较悲伤。龟足生长在海边的石洞内，冬天尤其繁盛。人们会趁退潮钻进洞里，采集龟足。而此时，洞里通常比外面热。热气一蒸，人的身体就会略微发胀。如果洞口太小，发胀的身体就钻不出来，等到涨潮时，这些出不来的渔民就被淹死在了洞里。

第二件事比较有趣。由于龟足外形诡异，古时候中原人不认识它。有一次，一个中原人到福宁州（注：今福建宁德、霞浦一带）做

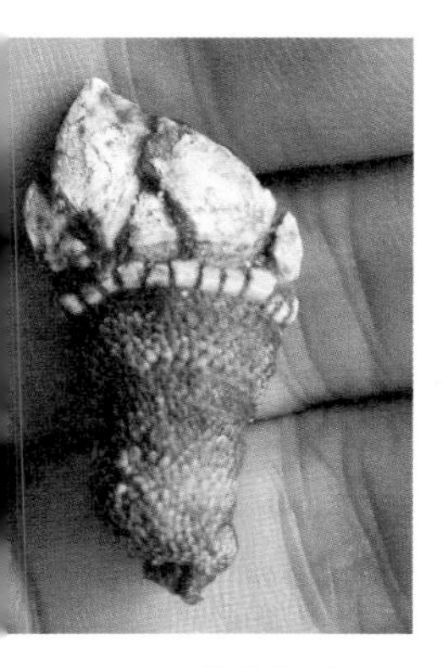
▲ 完整的龟足

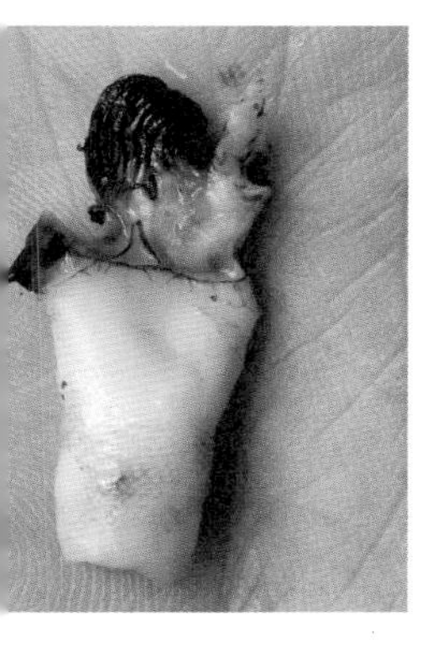
▲ 剥掉外壳的龟足

官，看到市场上有卖龟足，想尝尝，但又不屑于向别人请教它的名字，于是便在采购单上写："给我买那种长得像'勿'字或'易'字的东西。"负责采买的手下人看不懂，有人给他支着儿："一定是龟足，那东西不就长得像'勿'字和'易'字吗？"采买的人试着买来龟足，这个中原人一看："对，就是这个！"

这个段子莫名戳中了聂璜的笑点。他写道，这件事"可为喷饭，至今以为笑谈"。从这件事我们不难看出，聂璜笑点够低的。

## 海错图笔记的笔记·龟足

◆ 龟足由头状部（"脚爪"）和柄部（"脚脖子"）构成。

◆ 幼虫会游、会爬，一旦找到合适的礁石，就会把自己固定住。

◆ 人们通常食用龟足的柄部。把柄部的外壳剥掉，里面是一块白肉。

▼ 白灼龟足

# 鲎

## 【无鳞称鱼，有壳非蟹】

◎ “鲎”由“学”和“鱼”组合而成，难道是“有学问的鱼”？不错，这种生物蕴含着独特的生存智慧，很有些学问可讲。

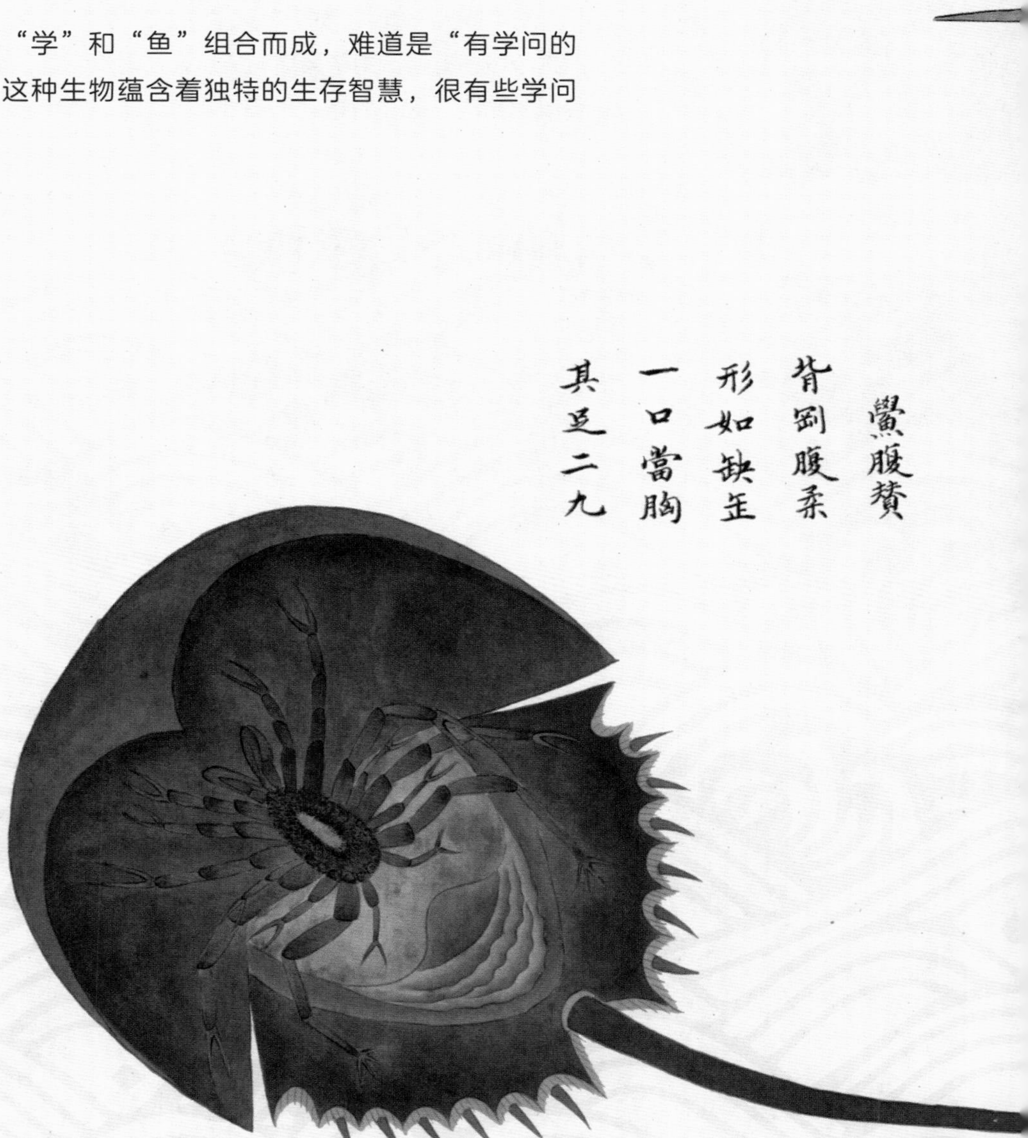

鱟腹賛

背剛腹柔

形如缺笙

一口當胸

其足二九

鱟魚贊
無鱗稱魚
有殼非蟹
牝牡乘風
來自南海

## 一腹一背，隔海相望

《海错图》一共分四册，前三册现藏北京故宫，第四册在战乱中分离，现藏台北故宫博物院。北京的三册已经出版成书，台北的第四册却一直藏于库房。而书中偏偏有一种动物——鲎，它的腹面图在第三册最后一页，背面图在第四册第一页，所以这种动物就被分成了两半，隔海相望。

我手中有清晰的鲎腹的图文，但想看鲎背却费了劲。网上只有它的一张书影，很小，看不清上面的字。在台湾时，我还特意去台北故宫博物院，期待看到展览中的《海错图》，但是“寻隐者不遇”。后来听别人谈起，台北故宫博物院出过一本《“故宫”书画图录》，里面有《海错图》。赶紧买来，发现整个第四册全被收录在内，但都是很小的黑白图，照例看不清。万幸，书前面的彩页里有四张海错图的内页，其中一张正是鲎背！字虽如蚁，但终于可以认出了。

2017年7月，台北故宫博物院在官网上免费公开了《海错图》第四册的大图，其中就包括《鲎背》一图。我把它收录进此文。在一鲎分隔两岸几十年后，鲎背和鲎腹终于又出现在同一本书里了。

## 兄弟灭绝，孤独一支

这么多年，我听过全国各地的人把“鲎”字念成“熬”，念成“鳌”，念成“鱼”，念成“鲄、猴、吼、后”……正音应是“hòu”。有人考证，这种动物在一些南方方言中和“学”字同音，所以可能是借用了“学”字的头来表音，加上“鱼”来表意，以示这是和鱼一样生活在水里的动物。《三才图会》则认为，鲎在南风到来时会上岸产卵，所以“善候风”（善于观测风向），故发音为“候”。

《海错图》里把鲎含糊地称为“海中介虫”，因为它“无鳞称鱼，有壳非蟹”，归为哪一类都不合适。这不能怪聂璜。实际上，鲎在今天没有近亲，它的近亲早灭绝了。在现存生物中，鲎自成一派，独占肢口纲，剑尾目。这个目下仅有四个物种：美洲鲎、中国鲎、南

▼ 把鲎的化石和现生鲎对比，可看出它的外形基本没变

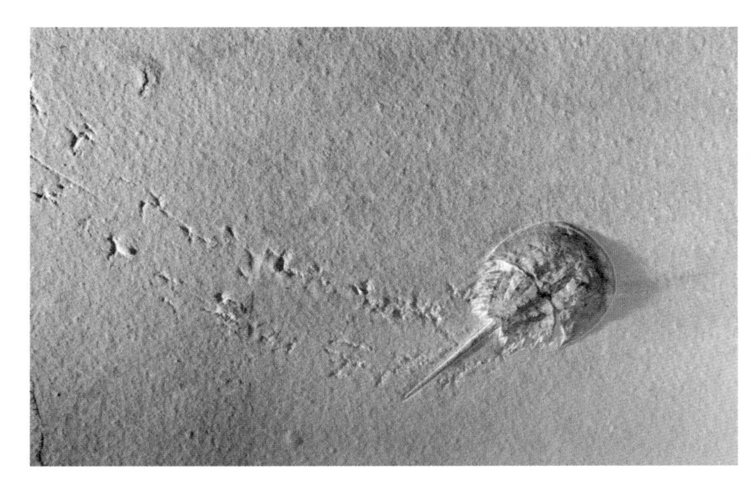

▲ 这只远古的鲎在爬行中突然死亡，变成化石。身后还留下了最后的足迹

方鲎（巨鲎）和圆尾鲎。除了美洲鲎外，其他三种都在亚洲。

如果非要给它扯个亲戚，那么鲎属于节肢动物门，螯肢亚门。蝎子和蜘蛛都是这个亚门的成员，它们和鲎算是远亲。

## 矛盾合体两亿年

鲎最早出现在4.5亿年前。两亿年前，它就进化成如今的样子。这种外形已经足够适应它的生境，所以至今几乎没变。

鲎的身体分为三部分。按《海错图》的说法，最前面的头胸部“如剖匏（音páo）之半”，也就是像半个瓢。上面还有“纵纹三行，直六刺，两泡两点目也”。这句说得很对。鲎的头胸部背面长着两个小小的复眼，因为太小，常被误认为花纹，但聂璜认出它是眼睛了。他没注意到的是，鲎“脑门”中央还有一对更小的单眼。

所有的六对附肢则长在头胸部的腹面。聂璜本来写得挺对，说足“左右各六”，但他又无中生有地在大足之间添了六只小足，导致变成了18条腿。不知为何。难道他眼睛间歇性散光?

第二部分是梯形的腹部，“每边又出长刺各六，皆活动”，说的是两侧的棘。腹部的腹面是生殖厣（音yǎn）和鳃。鲎的鳃就像一页页书，所以叫“书鳃”，不但能呼吸，关键时刻鲎还能肚皮朝上，用书

鳃划水，游起仰泳来，即《海错图》所说：“叶各五片，如虾之有跗，借以游泳。”

第三部分就是身体末端的“剑尾”，“尾坚锐，列刺作三棱”。台北故宫博物院的那幅画里，也显示出剑尾呈三棱柱形。从这一点可以推断，《海错图》画的是中国鲎。中国已证实有两种鲎分布：中国鲎和圆尾鲎。它俩的区别就在尾部，圆尾鲎的剑尾横截面为半圆形，中国鲎则为三棱形。

除了自卫，剑尾的主要作用是能让自己在仰面朝天时一顶地，把身体翻过来。此外，雌鲎在产卵时也会用剑尾把身体支起来，使身下有空间可以排卵。

这三部分组合起来，像一个装备了长矛的盾牌，攻守兼备。

▲ 受惊时，鲎会竖起剑尾，保护自己的腹部

▼ 不慎翻身后，由于沙滩过于平整，这只鲎无法用剑尾将身体顶回来，挣扎数圈后被太阳烤死

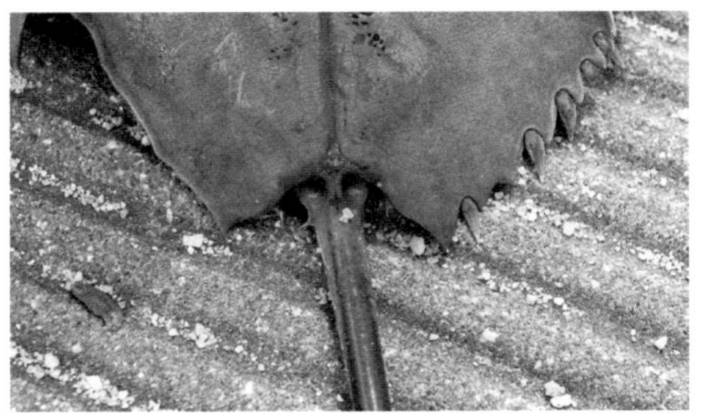

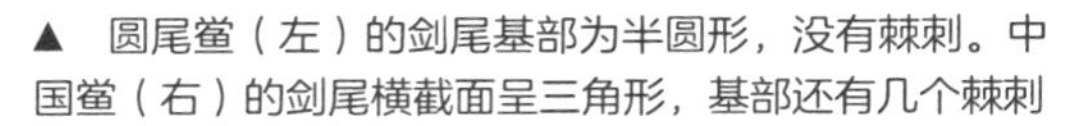

▲ 圆尾鲎（左）的剑尾基部为半圆形，没有棘刺。中国鲎（右）的剑尾横截面呈三角形，基部还有几个棘刺

## 来自儿童的误会

夏天是鲎的繁殖高峰。聂璜说：“凡鲎至夏南风发，则自南海双双入于浙闽海涂生子。”其实登陆浙闽产卵的，就是当地海里的鲎，不是南海跑来的。但当时闽中渔民盛传此说，他们告诉聂璜，浙闽只有雄性小鲎，雌性远在广东潮州。每年秋天，浙闽的小雄鲎全都赶往潮州“勾搭”雌鲎。来年夏天，就都带着媳妇回来产卵了。

聂璜本来不信，但闽中渔民又说：“吾滨海儿童捕得小鲎，皆雄而无雌！”似乎是铁证。聂璜于是将信将疑地将其记在《海错图》中，“存其说，以俟高明”。

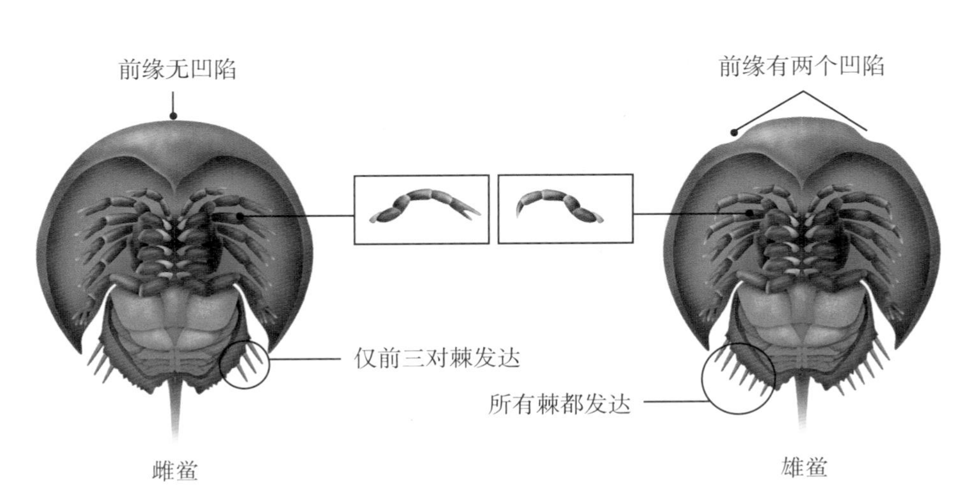


▲ 中国鲎雌雄辨别

几百年后，这位“高明”终于出现了，那就是没羞没臊的我。有了现代科学的武装，我斗胆分析一下。

前面说过，《海错图》描述的是中国鲎。这种鲎在成年时有明显的雌雄差别：雌鲎腹部边缘只有前三对棘发达，而雄鲎则所有棘都发达。但幼年的鲎，无论雌雄，棘全都一样长，看上去似乎都是雄性。渔民自然会纳闷雌鲎在哪里，于是想当然地认为雌鲎大概在南方的另一个产鲎地——潮州。而秋天，鲎会藏进更深的水域过冬，渔民看不到鲎，就以为它们去潮州找媳妇去了。

## 爱之船

在农历初一、十五的夜晚，鲎会上岸产卵。此时潮位最高，能把它们送到高处的沙滩。这里的沙砾比低处粗，卵产在里面疏松透气。

每当这时，据说会出现一种叫“鲎帆”的奇景：雄鲎抱紧雌鲎的后半身，雌鲎背着雄鲎在海中或游或爬，向岸上走去。《海错图》说：“雄鲎后截卷起，片片如帆叶，而且竖其尾如桅，故曰鲎帆。”你划水我扬帆，爱情的小帆船要抢滩登陆。

但在今人拍摄的鲎登陆产卵的照片中，雄鲎都是老老实实趴在雌鲎背上，不会立起后半身。而且以鲎的构造，除非仰面朝天，否则很

▼ 鲎的卵。《海错图》里写道：“子如小绿豆而黄”

▲ 刚孵化的幼鲎剑尾还没长出来，它趴在一粒黑色木屑上，四周的卵尚未孵化

◀ 在广西采访鲎的保育时，我们从保护站的养殖池抱来两只中国鲎，摆拍了一张它们求偶的场景。其实摆拍得还不太专业，雄鲎搂抱雌鲎的位置应该再靠下一些

难将后半身立起来。

我怀疑“鲎帆”是大群的鲎在登陆中，一些被挤得翻身，以至剑尾朝天。或者是雄鲎在游泳时（鲎是游仰泳的）碰到雌鲎，赶忙抱住，腹部跟着一使劲，也会立起来。反正此时的情景是很混乱的。以前，鲎的数量很多，交配时成百上千只鲎涌向沙滩，壮观极了！

渔民此时抓鲎，有个秘诀：要先抓雌的，这样雄鲎就一直抱着雌鲎，一抓抓俩。闽南人受此启发，管捉奸叫“抓鲎”，现在多写为“抓猴”。

鲎卵被产在沙子里。刚孵化出的小鲎没有剑尾，十分呆萌。它会回到大海，但不会走深，在低潮位的泥质滩涂上生活八九年，然后才会进入20～30米的更深海域生活。到了13岁左右，鲎才真正成年，之后，它可以一直活到25岁，长到脸盆那么大。鲎的一生在这三种栖息地依次度过，是为了避免大鲎和小鲎抢食物、抢地盘。

## 鲎在人间

中国东南沿海地区的鲎曾经十分繁盛。福建金门有句俗话：“水头鲎，古岗臭。”意思是水头（注：金门岛西南角）这个地方盛产鲎，多到连三公里外的古岗都能闻到臭味。台湾基隆人甚至把集会的人群称为“鲎援会”，意思是人头攒动的壮观场面有如鲎交配的盛景。

聂璜还写了鲎的几种吃法，比如“腌藏其肉及子”“血调水蒸，凝如蛋糕”“尾间精白肉和椒醋生啖”。能吃的是中国鲎，圆尾鲎含有河豚毒素，不能吃。其实，就算是中国鲎，由于血液中富含铜离子，吃了也容易重金属中毒。《海错图》记载，有的人与鲎“性不相宜”，吃后“非哮即泻”，还是不吃为妙。

▲ 鲎壳彩绘是东南沿海地区的一种民间艺术

▲ 美洲鲎上岸交配的盛况。由于滥捕，亚洲已经很难看到

吃剩的鲎壳也有用。“闽中多以其壳作镬（音huò）杓”，把头胸甲接上木柄，就是个超大号的锅勺。聂璜认为这个发明甚好，“铜铁作杓，非损杓即坏镬，且响声聒耳。唯此壳为杓，岁久可不损镬。”还有渔民在鲎壳上画上脸谱、虎头，挂在家中辟邪用。

## 碧血穷途

《海错图》多处记载，鲎血是蓝色的。如今，人们又发现鲎血遇到细菌内毒素，就会立即凝固，使细菌不扩散到身体别处。利用这个原理，鲎血被制成了“鲎试剂”，用来检测医疗用品是否被细菌污染。这对病人来说非常重要。

2014年，我去广西北海采访过一家鲎试剂厂。据厂长介绍，现在中国仅北部湾的鲎还比较多，但短短几十年，鲎的数量呈断崖式下降。海滩上已经多年不见大批鲎集体交配的场景了，“鲎还没上岸，就半道被渔民捞走”。

厂里采血用的鲎来自临近越南的东兴地区。“渔民卖给我们100元一只。以前可便宜哦，5毛一只。”厂长说。“广西人不爱吃鲎，都拿它沤肥，后来有人用鲎制作甲壳素，每年用掉几百万只！用火车拉的！

海错图笔记
张辰亮 著
物种探查
剧透版
◎ 青少版专供
神龙
金丝燕
鹅毛鱼
▼ 颌针鱼目飞鱼科的种类，是真正的飞鱼，传说中可以飞的“文鳐鱼”。
曲爪虬龙
▲ 聂璜认为虬龙没有龙角，所以不能升天。但清代考证家认为龙升天无须龙角，而需借助一摊水。
人鱼
▲ 现实中没有严格对应的原型。现在人们都认为儒艮就是人鱼，而它确实是中国
闽海龙鱼
▼ 菲氏真冠带鱼最贴近，但其身躯为银色而非绿色，也没有四足。
螭虎鱼
▼ 最可能是南方常见的小型鬣蜥，在古代可能被用作传统药材——蛤蚧的代替品或伪品。
鬼头鱼
▼ 如果为真，则应该是一只畸形章鱼，正常的章鱼没有这样的。
▼ 最有可能是单棘豹鲂鮄，也有可能是蓑鲉。胸鳍很发达，张开像翅膀。
飞鱼
瑇瑁
▼ 玳瑁，最明显的特征是“鹦鹉嘴”。目前，世界自然保护联盟的《濒危物种红色名录》中将其列为极危物种。
章鱼
◀ 长蛸，特点是身体小、腕极长，在中国浅海极为常见。
▲ 聂璜认为海市蜃楼是一种蛤蜊吐出的气，现代科学证实这是一种大气光学现象。从古至今，山东蓬莱、龙口、烟台一带是最常被目击海市蜃楼的地方。
锦魟

七星香
▶海龙，是海马的“亲戚”，皮肤有节棱（一种骨质环）。

▲ 鲎血富含铜，在体内时是无色的，但一遇到空气就会氧化为铜离子，显现蓝色

现在可少了。”在车间采血室，鲎被活着固定在架子上。工人用针插入它的心包抽血，只抽一部分。然后将它放进池子休养，最后放生。

只要按规定操作，生产鲎试剂对鲎的影响不大。要命的是栖息地的破坏和滥捕食用。虽然媒体总把鲎宣传成国家二级保护动物，但其实它只是省级保护动物（注：2021年2月公布的《国家重点保护野生动物名录》中已将中国鲎列为国家二级保护动物），保护力度极小。我参与过北海滩涂上的样线调查。全队一天找到了35只幼鲎。这次的数据显示，北海的野生鲎的数量比20年前减少了90%。活了几亿年的东西，20年，一眨眼就没了。

我感觉好多当地人还没有意识到这一点。他们对鲎的保护意识很弱，就算不吃，也要当成玩具来耍。有一次，一辆摩托车从我身边驶过，后座上的人双手侧平举，作“泰坦尼克”状，但两手却各拎着一只小鲎。

一次，在滩涂调查时，另一拨调查队员带来了两只活的圆尾鲎。这是一家饭馆老板养着玩的。听说我们保护鲎，就送给了我们。带队的林老师高兴地说：“这片滩涂正是圆尾鲎的栖息地，我们把它在这里放生吧。”她找了一条红树林旁的潮沟，轻轻把鲎放进水里。我们目送着它俩爬进红树林，留下两条川字形的鲎道。

## 海错图笔记的笔记·鲎

◆ 鲎的身体分为头胸部、腹部和尾部。圆尾鲎的剑尾横截面为半圆形，中国鲎则为三棱形。

◆ 鲎的血中富含铜，在体内时无色，但一遇到空气就会氧化为铜离子，显现蓝色。

◆ 鲎血遇到细菌内的毒素就会立即凝固，使细菌不扩散到身体别处，所以用鲎制成的“鲎试剂”可以用来检测医疗用品是否被细菌污染。

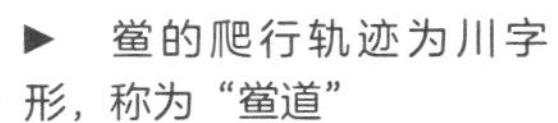

► 鲎的爬行轨迹为川字形，称为“鲎道”

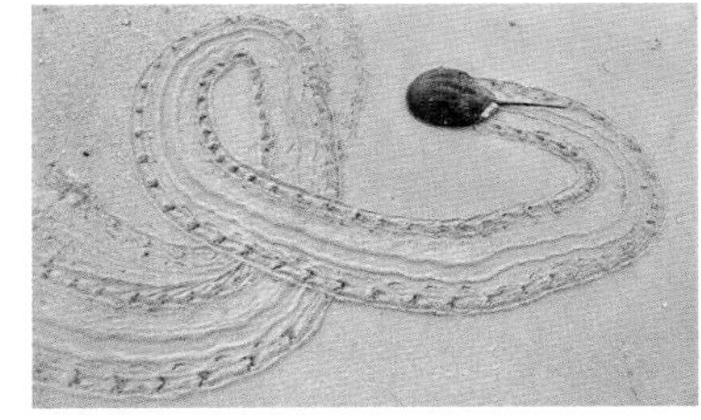

◄ 林老师将圆尾鲎放生

# 珠蚌

【 珍珠之母，与月同辉 】

◎ 广西合浦的海中，有几个隐秘的“珠池”，珍珠贝在里面静静地躺着，等待着月圆之夜。

珠蚌賛

蚌為珠母
月是蚌天
奇珍毓孕
豈曰偶然

## 珠出合浦

中国最有名的珍珠，在版图的最北端和最南端。

北有东三省大江里的“东珠”，南有广西合浦大海中的“南珠”。《海错图》中这幅《珠蚌》图里画的，就是合浦的珍珠。

汉代时，合浦面积超级大。汉武帝设置的合浦郡，包含了今天广西、广东好大一片地方，甚至整个海南岛也是它的。这个郡坐拥半个北部湾，而北部湾正是珍珠的热点产地。所以，合浦珍珠在汉代就名声在外了。

明清时，合浦已经缩成了一个县的名字，属于廉州府管辖。虽然很多海域在行政上已不属合浦县，但百姓依然按汉朝习惯，把北部湾出产的珍珠都称作“合浦珠”。

## 南海珠池

聂璜引用《廉州府志》的记载，说廉州府城东南八十里，有一片叫“珠母海”的海域，海中有几个“珠池”，珍珠就藏在这里。

聂璜说珠池有三个：平江池、杨梅池、青婴池。其实不止。今人考证出了七大珠池：平江池（注：今北海南康石头埠海域）、杨梅池（注：今北海福成东面海域）、青婴池（注：今北海龙潭至合浦西村海域）、白龙池（注：今北海营盘镇白龙海域）、乌泥池（注：今广东廉江市凌录至合浦英罗海域）、断望池（注：今北海兴港镇北暮至营盘镇婆围海域）、永安池（注：今合浦山口镇永安海面）。

这些都是渔民几千年来摸索出的珠蚌密集海区。看看地图，它们都位于平静的海湾，风浪小，还有河流注入，带来了营养，正适合贝类生长。

唐代的《岭表录异》说：“廉州海中有洲岛，岛上有大池，谓之珠池……池虽在海上，而人疑其底与海通，池水乃淡。”把珠池说成岛上的淡水池塘，这是望名生义。其实珠池只是对大海中珠蚌聚集区的一种比喻，不是真有个池塘。

▲ 刚从海中采到的珠母贝

不过有些珠池，比如乌泥池，在落潮时会露出一些弧形的沙洲，像是池塘的边缘，这样看来，宋代的《岭外代答》中所说“海上珠池若城郭然”倒是言出有据。

## 生死采珠

“官禁民采珠”，是《海错图》里看似随意却很重要的一句话。最好的产珠地往往被朝廷控制，比如明洪武年间，白龙池旁建起了一座“白龙城”，除了海防的作用外，更重要的是监管珍珠的采集，进贡到宫里。当年这座城的采珠业火热到什么程度？一个细节可以看出：城墙里掺杂了大量的珍珠蚌碎片。这是一座真正的珍珠城。

▲ 《天工开物》里的明代人采珠图

坐拥海量珍珠，当地百姓却不能名正言顺地拥有它们。明的不行，走暗的。“合浦民善游水采珠……巧于盗者蹲伏水底，剖蚌得好珠，吞而出。”

听上去很简单，实际情况惊险至极。比《海错图》早60多年问世的《天工开物》里，记载了那些用生命采珠的往事。

农历三月，渔户先极恭敬地祭祀海神，然后登上采珠船。这种船比普通船宽，上有好多草席。经过海面漩涡时，把草席扔到海上，压住浪，稳住船，如果船最终没有翻，那么就度过了第一劫。

到了珠池，采珠人用长绳系腰，拿着篮子跳进水里。水特别深，“极深者至四五百尺（注：100多米）”，憋一口气的话肯定回不来。所以他们研制了一种呼吸管：用锡做成弯环长管，一端露出海面，另一端罩住口鼻，用皮带缠紧在耳颈之间，防止漏水。

含着管子到达海底，赶紧捡蚌进篮。一旦呼吸困难，就拽绳子，让船上的人拉他上去。寒冷的水底让人体温过低，所以一出水就要赶紧用煮热的毛毯盖住采珠人，稍迟一刻就会冻死。

冻死算好的，至少有全尸，遇到鲨鱼那就一点儿办法都没有了。据《岭外代答》载，船上的人若是看到“一缕之血浮于水面”，就会“恸哭，知其已葬鱼腹也”。

## 河珠海珠

珍珠分海水珠和淡水珠，海水珠由大珠母贝、马氏珠母贝等莺蛤科贝类出产。淡水珠则由三角帆蚌等蚌科贝类出产。产珠的原理都一样，都是异物进入壳肉后，贝类为了保护自己，一层层分泌珍珠质包住异物而产生的。

合浦珍珠是海水珠，而聂璜的一句略带自豪的“吾乡湖郡尤善产珠”，说的是淡水珠，因为聂璜是浙江人，那里河湖密布，适合淡水珍珠贝生长。今天中国最大的淡水珍珠养殖地，就在浙江的诸暨。

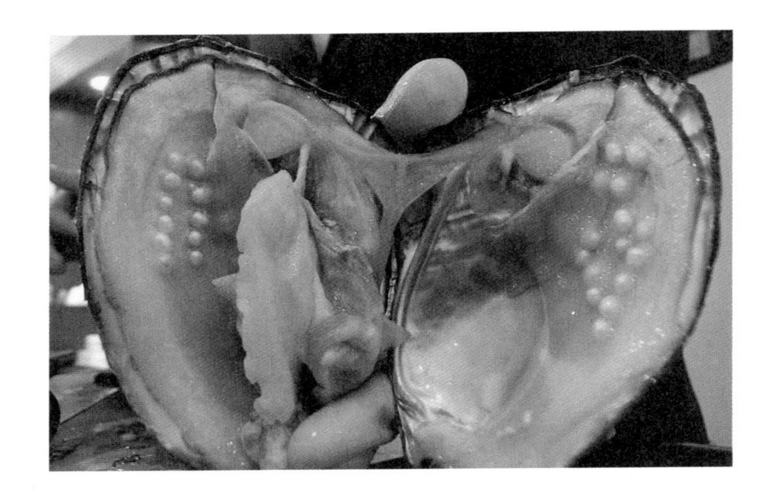

▲► 淡水贝可以产几十颗珍珠（右），海水贝只能产一两颗珍珠（上）

## 另类珠母

能产珍珠的动物，当然就是珍珠的妈妈，也即“珠母”。据聂璜自己的经验，珠母有多种，除了经典的产珠贝类，其他螺类、蚶类也能产珠，而且“淡菜（贻贝）中之珠尤多”。可知他在吃淡菜时一定没少硌牙。

如今网络上也经常出现“在贻贝、牡蛎里吃到珍珠”的新闻。珍珠本来就不是珍珠贝的专利，砗磲、椰子涡螺、唐冠螺、扇贝都能产珠，在市场上以“美乐珠”“孔克珠”等名字流通。虽不是主流珍珠，但也有一批小众爱好者，品质好的话，比正经的珍珠还要贵。

我觉得这些另类珍珠更有趣，它们往往是橙黄、粉红之类跳脱的颜色，表面还有繁复精彩的火焰纹。似乎没有高贵的身份压着，就可以长得恣意一些。

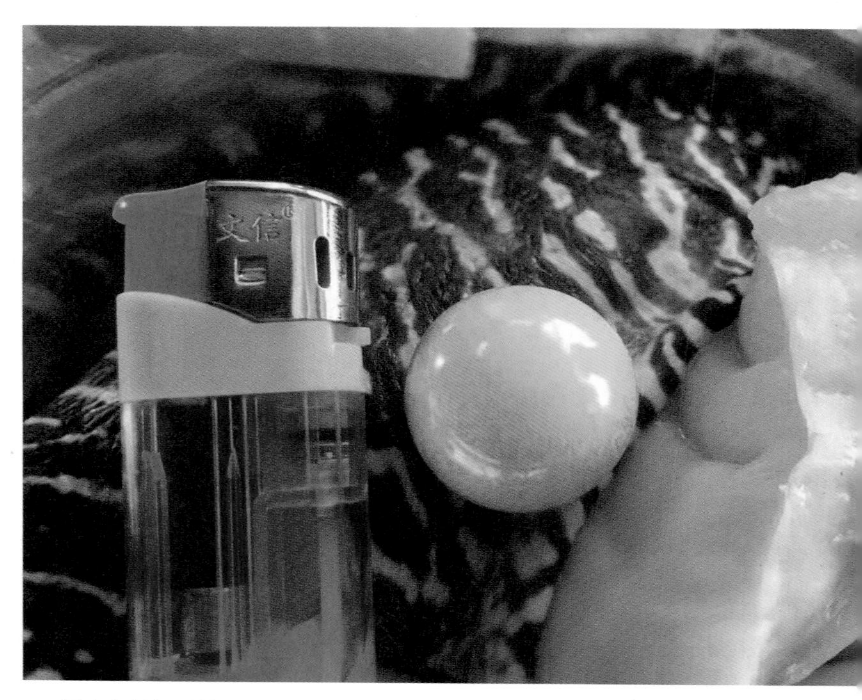


▲ 福建惠安渔民从椰子涡螺里吃出来的美乐珠

## 种珠秘术

珍珠之珍，在于它的偶然性。一百个野生珠蚌，不见得剖出一枚珠。就算有，也常是歪瓜裂枣，能得到一枚正圆、光泽好、无瑕疵的，太难了。

◀ 中国古人早就掌握了种珠术，还会植入佛像形状的珠核，让珍珠变成佛像状

但据聂璜透露，他那个年代已经有了一种“种珠术”，像种菜一样种珍珠。“其初甚秘，今则遍地皆是矣”。

具体方法他也披露了：“取大蚌房及荔枝蚌房之最厚者，剖而琢之，为半粒圆珠状，启闭口活蚌嵌入之，仍养于活水，日久，其所嵌假珠吸粘蚌房，逾一载，胎肉磨贴，俨然如生。”把厚贝壳雕成的珠子塞进活蚌，让它长成珍珠，说明中国人早就掌握了珍珠形成的原理。

那么问题来了，反正已经种了，为什么还要种“半粒圆珠状”，不是整粒圆珠？

一位叫“何拙手”（啥名儿啊这是）的人告诉聂璜，种珠人不是不想种圆珠，他们种过，种完了养在水盆里观察，发现蚌一开盖活动，珠子就“圆活不定，随水滚出”。所以才改作半圆珠，这才“乃得依附，日久竟不摇动，而且与老房磨成一片”。

珍珠都是圆的，半圆的珠子卖得出去吗？别替古人操心。他们经常把珍珠劈成两半，镶嵌在刀柄、马鞍上，这半圆的珠子还省得劈了。镶好后再用宝石一装饰，根本看不出来。

第一批种珠的人，用种出来的珠子冒充野生珍珠卖，“多获大利，事此者常起家焉”。后来大量种珠人涌入这个有前途的行业，“乡村城市无地非种珠矣”。大街小巷卖的全是种出来的珍珠，反而见不到野生珠了。

聂璜对此痛心疾首，大叹人心不古。他认为，珍珠是至宝，理应稀有而不泛滥，“滥则不成其为宝矣”。现在满大街都是珍珠，成何体统！他越写越激动，最后竟站在珠蚌的角度着起急来，说：“老蚌有知，必破浪翻波而起！”

▲ 植入半粒珠核形成的“马贝珠”

要不说文人迂腐呢，把美丽的珍珠变得更多，更平价，有何不可？非得贵到连你都买不起就高兴了？聂璜要是活到今天，非得气疯了不可：人心已经在不古的道路上一路狂飙，现在世界上的珍珠基本全是种出来的，而且方法和古人几乎一模一样。

具体来说，今天海水珠的种法就是像聂璜说的那样，把厚的贝壳切成方块，再磨成圆球状的“珠核”（不是半圆，今天的技术进步了，可以种圆珠了），用机器把蚌壳撑开一道缝，把珠核塞进蚌肉，再剪一小片其他蚌的外套膜贴在核上，然后扔进海里养。一个海水贝最多只能种两个珠，再多，贝就要难受得死掉了，所以海水珍珠的产量很低，但好处在于种出来的珠非常圆，因为核是圆的嘛。

很多人以为海水珠的珠核是砂粒大的一点，然后一层层裹成个大珍珠，其实不是。珠核本身相当大，和珍珠差不多大，只需在珠核表面裹上薄薄一层珍珠质就可以拿出来卖了。所以海水珠虽然圆整漂亮，但大部分成分是贝壳，只有表层是珍珠。

淡水珠则是这么种的：种进去的不是贝壳球，而是“小肉片”——宰一个珍珠贝，把它的外套膜切成米粒大小，再植入其他贝中就行了，不用放珠核。这些小肉片没有珠核那么硌得慌，珍珠贝容易接受，所以能多种些，一个淡水贝里能放30个左右的小片，长出30颗左右的珍珠。小肉片形状不规则，所以长出来的珍珠也少有正圆的，但由于没核，所以整个珍珠全是珍珠质（小肉片在生长中消失了），比海水珠实在一些。

总之，海水珠有核，淡水珠无核。

国内有个公司成功研究出了淡水有核珍珠，称为“爱迪生珠”，

► 在淡水贝里种珠，是把外套膜小片（玻璃上的白色片状物）放入活蚌体内

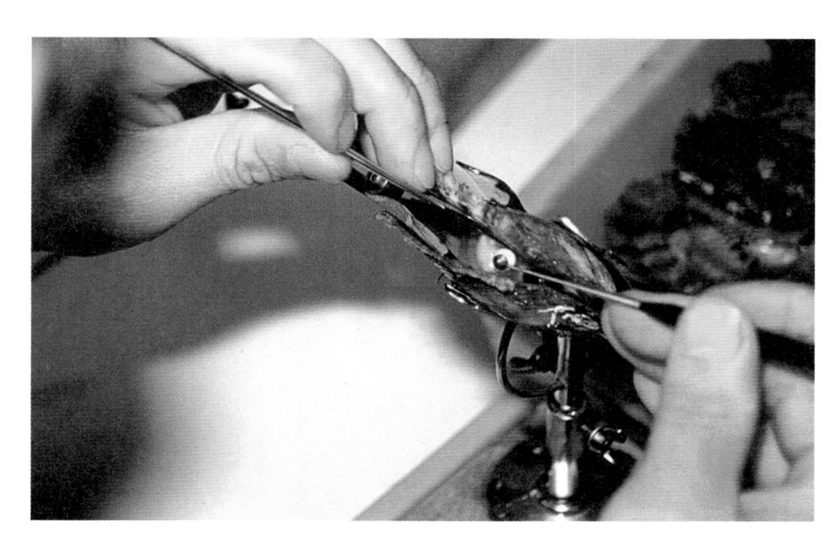

◀ 在海水贝里种珠，是把贝壳磨成的珠核塞进活的珠母贝体内

凭这个名字也能看出，是珠宝界的大发明了。但认这个的人还不是很多。

聂璜说的那种半圆形的珍珠，今人也会种，被称为“马贝珠”。传统上，一个贝只能取一次珠，暴力地劈壳取珠，取完了，贝也死了。现在人们可以小心地把壳打开一个缝，取出珍珠，植入珠核，再养一次，二次利用。此时珠贝身子骨太虚，植入圆核会死，于是就植入半圆的核，养出半圆的马贝珠。虽然只有一半，但它的光泽往往比一般珍珠好，有人专爱它。

## 月夜珠光

“扬州八怪”之一的金农画过一幅诡异的画——《月华图》。整幅画只有一个月亮在那儿发光，看不懂，但感觉好厉害的样子。此画被捧到很高的位置，甚至有人将它和凡高的《星空》相提并论，说它充满现代艺术感，前不见古人，后不见来者。

粗鄙如我，其实觉得《海错图》里的这幅《珠蚌》图，就挺像《月华图》的，甚至比《月华图》高级一点儿。因为同样是月亮，《月华图》下面啥都没有，海错图就多了两个珍珠蚌，张着大嘴发出两道金光，直射月亮。把这幅画单拎出来看的话，诡异程度远超

▶ 景区常见的“现场开蚌取珠”，都是淡水珍珠。虽然货真，但一个蚌里大部分都是低档珍珠，进货价一颗几毛钱，摊主会以一颗几块钱卖给你

《月华图》。

这幅画描绘的场景，是中国的珍珠传说里最美丽的一个：

“合浦之海，中秋有月则多珠。每月夜，蚌皆放光与月，其辉黄绿色，廉乡之人多有能见之者。”

珍珠的光泽，绝似月光。所以古人想象，一定是它在月圆之夜吸收了月亮的光华，同时自己也在海底发光回应。

这不是真的，但我真希望它是真的，因为珍珠的其他故事，个个都称不上美好。

1.《汉书·孟尝传》记载，汉朝地方官强迫渔民无节制地滥采珍珠，使合浦珠贝消失，只剩交趾（注：今越南）还有残存，史称“珠逃交趾”。后来孟尝到任，修改政策，保护珠蚌，这才逐渐恢复了资源，史称“合浦珠还”。

2. 明朝皇帝派太监在合浦白龙城监督采珠，逼死了无数渔民后，终于得到宝珠，太监高兴地带着珠子进贡，可刚到附近的杨梅岭，珠子就消失了。太监命令渔民再去捞，又获一枚。这次他把大腿割开，放进珠子，将伤口合拢（民间传说“活珠藏嵌股内，能令肉合”），再次上路，走到杨梅岭，珠子竟冲破皮肉飞回大海，太监绝望自杀。

3. 到清末时，两千年的捕捞已经使合浦的马氏珠母贝种群退化，名存实亡。日本人御木本幸吉从合浦采集珠贝回国研究，1905年，成功改进了中国的种珠术，种出了世界上第一颗正圆形的养殖珍珠，被称为“珍珠之王”，轰动全球。天皇亲自表彰他，赐其一杆手杖。日

▲ “珍珠之王”御木本幸吉雕像，手里拿着天皇赐给他的手杖

▲ 菲律宾巴拉望岛海域，出产世界顶级的金色海水珍珠。要达到这样的品质，洁净的海水、优秀的育种、科学的养殖、严格的筛选，缺一不可

本人把马氏珠母贝选育得又大又壮，严控珍珠的质量，到了20世纪60年代，日本成了生产珍珠最多的国家，珍珠质量有口皆碑。

1958年，中国政府终于在合浦建立了第一个现代意义上的海水珍珠养殖场。

## 海错图笔记的笔记 · 珍珠

◆ 《天工开物》记载了关于古代采珠人采珠的过程和用具。渔户会把草席扔到海面上，以“压住”海面漩涡引起的波浪，稳定船身。采珠人在下海后，由于水很深，他们还用锡做成弯环长管，一端露出海面，一端罩住口鼻，来帮助呼吸。

◆ 珍珠分为海水珠和淡水珠。海水珠由大珠母贝、马氏珠母贝等莺蛤科贝类出产。淡水珠则由三角帆蚌等蚌科贝类出产。

◆ 利用“种珠术”得到的珍珠，海水珠有核，且大部分成分是贝壳，只有表层是珍珠；淡水珠无核，整个珍珠全是珍珠质。

# 瑇瑁

## 【鹰嘴神龟，背负孽缘】

◎ 鹰嘴，龟身，六足，这就是《海错图》里的瑇瑁。它的另一个名字我们更熟悉：玳瑁。

諸國皆產考之羣書瑇瑁之說可謂備矣
瑇瑁贊
本是鼉體惡其形穢
服色改裝是名瑇瑁

瑇瑁彙苑註曰狀如龜背負十二葉產南番海洋深處白多黑少者價高大者不可得新官蒞任漁人必攜一二来獻皆小者耳取用時必倒懸其身以滚醋潑之逐片應手而落但不老則其皮薄不堪用本草云大者如盤入藥須用生者乃靈帶之亦可辟蠱凡遇飲食有毒則必自揺動死者則不能神矣昔唐嗣薛王鎮南海海人有獻生瑇瑁者王令揭背上甲一小片繫於左臂其揭處後復生還令人多用雜龜筒作器即生者亦不易得又有一種龜鼊亦瑇瑁之類其形如笠四足無指其甲亦有黑珠文彩但薄而色淺不堪作器謂之鼊皮不入藥用字彙引張守節註曰一說雄曰瑇瑁雌曰觜蠵粤志廣州瓊廉皆產華彙考註瑇瑁身類龜首如鸚鵡六足前四足有爪後二足無爪安南占城蕉祿瓜哇

# 鹉嘴海龟

《海错图》里有好几种龟的画像，但这幅的龟嘴有点儿不一样，尖锐弯曲，像鹦鹉嘴。此龟古名“瑇（音dài）瑁”，如今它的写法是“玳瑁”，是一种海龟。

这个鹦鹉嘴，画出了玳瑁最明显的特征。在现存的所有海龟中，玳瑁的嘴是最突出、最尖锐的，一眼就能和其他海龟区分开来。聂璜引用了《华彝考》的注解：“瑇瑁，身类龟，首如鹦鹉。六足，前四足有爪，后二足无爪。”

等会儿，第一句没问题，第二句咋回事？玳瑁有六条腿？那不成昆虫了？谁知聂璜真信了，他认真地给玳瑁画了六条腿，而且当他看到《本草》中说玳瑁有四条腿时，还批评这是“未深考其形状”。搞笑啊！未深考的是你自己好吗？

▼ 日本江户时代的《梅园介谱》中，也有一幅玳瑁的画像，并且也和《海错图》一样，将玳瑁写作“瑇瑁”，但是画得比《海错图》里的好多了

## 误训的词源

不管玳瑁还是瑇瑁，都是很奇怪的名字。为什么要给一种海龟起这种名字？

秦汉时代，人们更多使用的是瑇瑁、毒冒。比如《史记·货殖列传》："江南出楠、梓……瑇瑁。"《汉书·司马相如传》："神龟蛟鼍（音tuó），毒冒鳖鼋（音yuán）。"唐代颜师古给"毒冒"注解："毒，音'代'。"毒和代的古音相同，所以毒冒、瑇瑁后来被写成了玳瑁。

那么瑇瑁又是什么意思？李时珍在《本草纲目》中说："（瑇瑁）其功解毒，毒物之所冒嫉者，故名。""冒嫉"是嫉妒的意思，古人认为玳瑁可以解毒，所以按李时珍的理解，瑇瑁就是"毒物所嫉妒的东西"之意。

我认为，这种解释属于语言学里的"俗词源"，即把一个难以解释的词强行赋予含义，推导出错误的词源，说白了就是"强行解释"。李时珍特爱干这种事，尤其是解释外来音译词的时候。比如，"琥珀"的词源，就被李时珍解读成"虎死，则精魂入地化为石，此物状似之，故谓之虎魄。俗文从玉，以其类玉也"。其实，今天语言学家已经考证出，琥珀是一个外来音译词，可能是突厥语的xubix，也可能是叙利亚语的hakpax，还可能是中古波斯语（倍利维语）的kahrupai。李时珍那种望文生义的解读，当然就错了。

玳瑁、瑇瑁与琥珀、葡萄等外来音译词一样，单个字拿出来没有含义，必须两个字组成固定搭配才行，这是外来音译词的一个特点。所以，玳瑁会不会也是个外来音译词呢？我查了很多语言学的论文，发现果然是！学界普遍认为，"玳瑁""毒冒""瑇瑁"是对某种外语词的直接音译，但这个音译出现得太早，先秦的《逸周书》里就有了，目前没人能确认它来自哪种外语。

总之，它一定是某个未知的南方民族对这种海龟的称呼。玳瑁生活在南海、东南亚一带，这个音译会不会来自当地民族的语言呢？比如泰语里，龟的发音就是"Tao"，近似"玳"。这只是我自己的猜测，真相如何，要等语言学家的进一步研究了。

# “活血”和“死血”

起初，玳瑁的壳只是装饰品。到了唐代，它被赋予了一个新功能——解毒。《岭表录异》记载了一件玄乎事：唐代有一位嗣薛王，镇守南方。百姓送来一头活的玳瑁，他命人从背甲上揭下一小片，系在左臂上，遇到有毒的饮食，背甲就会自己摇动。坊间传说，只有从活的玳瑁上取下的甲，才有这种效果，死后再取就不行了。

玳瑁在文玩界也有“活血”“死血”的区别。据说活剥下来的背甲色彩鲜艳，是为“活血”；死后剥下来的背甲颜色暗沉，是为“死血”。

这些流言使玳瑁有了一种壮烈的死法。聂璜写道，渔民抓到玳瑁后，“必倒悬其身，以滚醋泼之，逐片应手而落”。既活着取甲了，又能让甲片自然分离，你说这是谁想的主意？怎么这么有才呢？这种人应该派到朝廷特务机关开发酷刑。

对于用玳瑁解毒的古人，我想告诉他们一件事：玳瑁是海龟中唯一以海绵为主食的，它食谱里的很多海绵是有毒的，导致玳瑁本身也带毒。2010年，太平洋岛国密克罗尼西亚有一群居民在聚餐时吃了玳

▼ 玳瑁正在啃食海绵

◀ 外边镶玳瑁的眼镜架。玳瑁是有机物，保存得再好也会慢慢分解，所以存世的玳瑁制品中，没有年代太早的，几乎全是清代的

瑁肉，最后导致90多人中毒，6人身亡。这件事惊动了世界卫生组织，调查后该组织宣布，目前没有玳瑁中毒的治疗方法。

## 背甲乌龙

玳瑁的背甲有茶色的花纹，逆光下半透明，异常美丽，是最吸引人的部位。关于玳瑁的各种记载，自然也围绕着背甲展开。

聂璜看到《汇苑》里说玳瑁"背负十二叶"，就去药铺里找了个玳瑁的壳来看，发现"果系十有二叶"。这里我就不太明白了，玳瑁明明有十三块背甲（不包括边缘那一圈小碎甲），在民间也有"十三鳞"的俗名，《汇苑》里的记载显然是错的。这并不可怕，可怕的是聂璜亲眼看到了真壳后，依然数出了十二块，这就不知道是他眼神不好还是算术不好了。

▶ 龟壳的背甲分为好几个部位。外边镶边的那一圈小甲片，基本都叫"缘盾"，覆盖脊梁的那一列大甲片，叫"椎盾"，椎盾两边的大甲片，叫"肋盾"。玳瑁的椎盾和肋盾加起来一共十三片

## 孤独之龟

古人对玳瑁还有一种误解，以为它一生只交配一次，然后就不再交配。明代徐应秋《玉芝堂谈荟》里的说法很有代表性：“兽不再交者，虎也。鸟不再交者，鸳鸯也。介虫不再交者，玳瑁也。”

虽然今天我们知道，这三种动物都是会多次交配的，但古人不这么认为。他们还把这种臆想出来的习性赋予了文化意蕴。比如，会把鸳鸯和玳瑁放在一起对比。同为只交配一次的生物，鸳鸯永远成双成对（现实中的鸳鸯并非如此恩爱，此处仅指文化上的鸳鸯），而玳瑁却总是孤单一位。所以，玳瑁就成了“孤独”的代言人。唐诗《去妇词》里描写了一位被丈夫抛弃的女人，其中就有一句“尝嫌玳瑁孤，犹羡鸳鸯偶”。弃妇羡慕鸳鸯的爱情，再低头看到嫁妆里的玳瑁，不由得悲从中来。

这种孤独本是人类强行赋予玳瑁的，可现在，玳瑁自己也真的开始孤独了。在持续几千年的捕杀中，玳瑁无处藏身，在海里，会撞上无所不在的渔网，上岸刚要产卵，又会被无所不在的人类掀翻，倒挂起来，泼上滚烫的醋。

虽然世界自然保护联盟（IUCN）的《濒危物种红色名录》已经把玳瑁评估为“极危”，中国也把玳瑁列为国家二级保护动物，但是，去海南、广东、广西的海滨土产店里逛逛吧，整只的玳瑁标本依然随处可见。渔民在清澈如蓝宝石的南海中捞起玳瑁，杀死后，用绳子贯穿它们的眼睛，把绳子绑在壳上，玳瑁就能以昂首挺胸的姿态风干。老板们买回去，挂在办公室墙上，预示着自己在商海中劈波斩浪，财

### 海错图笔记的笔记 · 玳瑁

◆ 玳瑁是海龟中唯一以海绵为主食的，它食谱里的很多海绵是有毒的，导致玳瑁本身也带毒。

◆ 玳瑁的特点是嘴特别尖锐突出，又称“鹰嘴海龟”。

◆ 现在，世界自然保护联盟的《濒危物种红色名录》已经把玳瑁评估为“极危”，中国也把玳瑁列为国家二级保护动物。

源广进。命理师还要提醒老板，一定要根据办公室的风水选好摆放位置，这样才能招财、防小人。

幸存的玳瑁，在空旷的大海中游动着。它们的泳姿，并不像挂在墙上的同类那样昂扬。因为，它们正在感受前所未有的孤独。

▲ 在太平洋海域游泳的玳瑁

# 毛蟹

## 【 何以解虫，唯有醋姜 】

◎ 《海错图》里的毛蟹，就是今天的大闸蟹。它为什么螯上有毛？为什么腹内有法海？又为什么叫大闸蟹呢？

毛蟹食品也多生於海傍田河中江北謂之螃蠏浙東謂之毛蟹以其螯有毛也北自天津以達淮揚吳楚南至甌閩交廣無不産焉但江北者肥而大閩粵産者小而不多蟳蠘反繁生焉淮揚之間五六月即盛不必橘緑橙黄也閩粵冬月孕卵膨脝早於江浙河北地暖使然不獨李梅先實已也

毛蟹賛

雄曰蜋螘雌曰博帶
錢崑嗜爾官求補外

予蠏譜中序甚多皆冗長不便附謄今止録婦翁丁叔范序及自序二篇於後

婦翁丁叔范序曰昔張司空茂先在鄉閭時著鷦鷯賦既嗣宗見之嘆為公輔才夫鷦鷯微物也其咏之者亦渺小矣而識者顧以公輔期之何哉蓋其所賦者小而其所寄托甚遠也聶子存菴余門下倩王也好古博學每遇一書一物必探索其根底覃思其精義而後止一日自寧台過甌城見蟹之形狀可喜可愕者甚衆土人悉能舉其名因取青錢圖之并發抒其心之所得與所欲言者著之於冊使當世有嗣宗其以青眼讀之耶其以白眼視之耶抑亦以公輔期之而與張司空埒耶余皆不得而知之也焉況曰良工不示人以朴且從所好予於聶子蟹譜當亦云然

附蟹譜圖說自序

蟹之為物禹貢方物不載毛詩咏歌不及春秋災異不紀然而蟹筐蠶績引附禮弓為蟹為鱉係存周易三代而下載籍既廣稱述不一太元著郭索之名搜神傳長卿之夢掾棹録收嶺表擁劍賦入吳都化漆為水博物志也懸門斷瘧筆談及之蟹醢疏於說文蟹螯稱於世說淮南知其心躁抱朴命以無腸酉陽識潮來而脫殼本草論霜後以輸芒蟹經吾夫子定禮贊易而後其說不亦廣哉而未已也介士為吳俗之別名鈴公為青樓之隱語呂亢叙一十二種之形仁宗惜二十八千之費忠懿叠進惟其多矣錢崑補外又何加焉此半殼含紅之句既欣慕於長公而寒蒲束縛之吟寧不垂涎於山谷也耶若夫旁搜雜類窮極遐荒則寄生於蚌者有之化生於蝶者有之力能鬬虎者有之智可捕魚者有之而且螯若兩山述於廣異身長九尺詳及洞冥姑射之區大稱千里善化之國繁生百足建寧志載直行獨異高麗島産飛舉猶奇雖然盡信書之不如無書也聞知不若見知之為實也獨玩之不若共賞之之為快也戊午過甌把玩諸蟹得摹其形譔成斯譜聊為博物君子一噱云爾

# 海鱼似鳖，无足有尾

在画《海错图》之前，聂璜画过一本《蟹谱》。虽然里面的螃蟹种类后来都被他收录到了《海错图》中，但《蟹谱》原书毕竟是散佚了，我们只能从《海错图》中窥见此书的鳞爪。

《海错图》共四册，其中的螃蟹都在台北故宫博物院所藏的第四册中。在《毛蟹》这幅图旁边，有大量的文字，我以为都是介绍毛蟹的，仔细一看，只有蟹头顶那几句在说毛蟹，左边整页纸则是摘抄《蟹谱》的序。

聂璜刚完成《蟹谱》时，找了不少朋友写序，以至自己都吐槽“予蟹谱中序甚多”，并且“皆冗长，不便附誊”。他只把《蟹谱》中的两篇序誊抄到《海错图》中。一篇是他自己写的，另一篇是“丁叔范”写的。他是聂璜的什么人？“妇翁”，即岳父。看来谁都能得罪，岳父不能得罪。

聂璜的岳父对女婿很满意。他在序言中说：“聂子存菴余门下倩玉也。”我刚读这句时理解错了，以为是“聂先生‘存菴’了我家的倩玉姑娘”，还兴奋地想：“大发现！聂璜的媳妇儿原来叫丁倩玉！”但怎么也查不到“存菴”有娶妻的含义。

后来经人提醒才发现，我竟然忘了聂璜字存庵，庵又通菴，而倩、玉都可指代女婿或优秀的男子。所以这句话应该翻译成：“聂存庵先生，是我家的好女婿。”当然，“门下”又指学生，丁叔范是否同时是聂璜的老师，也未可知。

岳父继续夸：“（聂璜）好古博学，每遇一书一物，必探索其根底、覃（音tán，深）思其精义而后止。”并披露了聂璜作《蟹谱》的缘由：“一日，（聂璜）自宁台（注：今浙江省宁海、台州一带）过瓯（音ōu）城（注：今浙江温州），见蟹之形状可喜、可愕者甚众，土人悉能举其名，因取青镂图之，并发抒其心之所得与所欲言者，著之于册。”原来，聂璜是在浙江沿海看到了众多螃蟹，被其多样性深深吸引，才画出了《蟹谱》。

接下来，丁叔范拉了个典故：西晋时写出《博物志》的张华，曾为一种小雀鸟“鹪鹩”（音jiāo liáo）写了《鹪鹩赋》。竹林七贤之一的阮籍看了《鹪鹩赋》，惊叹张华有辅佐君王之才，因为“其所赋者小，而其所寄托甚远也”。聂璜的《蟹谱》也有异曲同工之妙。

丁叔范试问：假如阮籍活在当代，看了《蟹谱》，他将会“以青眼读之耶？以白眼视之耶？”会不会认为聂璜也有辅佐君王之才呢？“余皆不得而知也。”虽然表面说不知道，但谁都能读出来，丁叔范并不认为女婿画螃蟹是不务正业，反而十分欣赏。或许正是家庭的支持，让聂璜最终创作出了《海错图》。

▲ 日本江户时代的《梅园介谱》中，作者毛利梅园对一只大闸蟹进行了写生，并附上了蟹的各种别名。从蟹两眼之间的额缘轮廓能看出，这是一只日本绒螯蟹

# 四 种绒螯蟹

《蟹谱》的序言，为什么单单写在《毛蟹》这幅图边上呢？因为中国人提到蟹，最正统的代表就是“毛蟹”，也就是今天的大闸蟹。

大闸蟹的正式中文名，叫中华绒螯蟹。但是中国的绒螯蟹不止这一种。多数学者认为，世界上有四种绒螯蟹，分别是中华绒螯蟹、日本绒螯蟹、狭额绒螯蟹、台湾绒螯蟹。它们全都在中国有分布。中华绒螯蟹占绝对优势，数量最多，个头最大。聂璜说：“北自天津，以达淮阳吴楚，南至瓯闽交广，无不产焉。”其实向北何止天津，连辽宁都有。至于哪里的大闸蟹品质最好，“江北者肥而大，闽粤产者小而不多”。今天科学家调查，中华绒螯蟹的分布中心是长江、淮河之间，正是聂璜所说的“江北”。

绒螯蟹只在离海近的省份分布，古代内陆人往往不识。清代官员黎士宏记载：“甘肃人不识蟹，疑为水底大蜘蛛。”北宋《梦溪笔谈》载，秦州（注：今甘肃天水）有人收到一只干蟹，百姓以为是怪物，谁家生病，就把它借来挂在门上辟邪，病人竟屡屡康复。作者沈括说，看来螃蟹在甘肃“不但人不识，鬼亦不识也”！

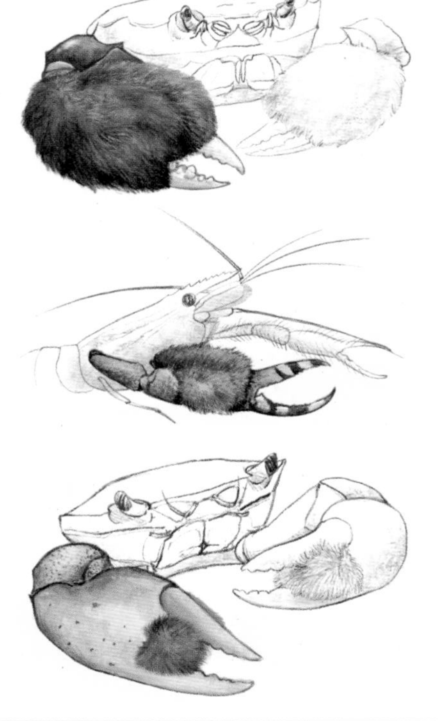

► 中华绒螯蟹、绒掌沼虾、绒毛近方蟹（从上到下）的雄性螯足上，都有绒毛

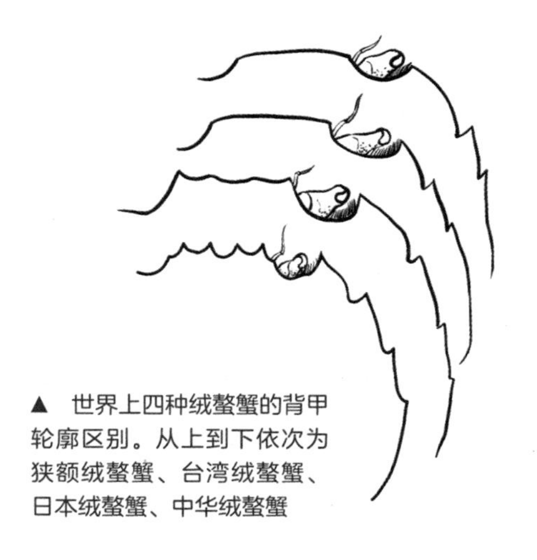

▲ 世界上四种绒螯蟹的背甲轮廓区别。从上到下依次为狭额绒螯蟹、台湾绒螯蟹、日本绒螯蟹、中华绒螯蟹

◀ 德国北莱茵河里的中华绒螯蟹，螯上浅色的绒毛表示它刚刚蜕壳。绒螯蟹属本来只分布在东亚，但1912年9月26日，德国阿勒尔河中首次发现一只中华绒螯蟹，据估计，可能是在清政府五口通商之后，蟹苗随德国商船的压舱水来到欧洲。现在，中华绒螯蟹已经入侵欧洲北部广大地区。20世纪70年代后，由于水利建设、污染和胡乱引种，中国本土大闸蟹资源衰退。水产专家王武还曾从莱茵河荷兰段抓了上千只大闸蟹带回中国，试图选育复壮，但因养殖户违规操作而失败

## 毛 手套之谜

绒螯蟹的一大标志，就是大螯上有绒毛。聂璜也说，叫它毛蟹的原因是“以其螯有毛也”。这毛有什么用呢？我看到网上有人“科普”：蟹爬到陆地上之后，可以依靠毛里存的水来呼吸。还有人说，蟹在水下的时候可以用毛挡住自己，作为伪装。

这些都明显是拍脑袋胡说。一是绒螯蟹并没有这些行为，二是除了绒螯蟹，还有一些虾蟹的螯足上也有毛，但无法用同样的原因解释。比如中国南方的绒掌沼虾，雄性右边大螯上就有绒毛。中国近海还有一种“绒毛近方蟹”，雄性大螯上只有一块极小区域有绒毛，不细看都发现不了。这些物种的毛远不如绒螯蟹发达，肯定无法用来呼吸、伪装。那是不是跟求偶炫耀有关呢？有可能。毕竟雄性的毛比雌性的浓密许多。但雌蟹的毛又是干吗用的呢？目前似乎没人研究这个。我只在《中华绒螯蟹生物学》一书中看到一句描述：“（螯足的）绒毛大概有触觉功能。”若深挖下去，是很有意思的课题。

# 为什么叫大闸蟹

《海错图》对绒螯蟹只称“毛蟹”，而无“大闸蟹”之称，因为大闸蟹是很晚才诞生的名字。关于大闸蟹“闸”字的来历，有两种主流说法。

说法一：这个闸本是另一个字——煠。《汉语大字典》：“煠（音zhá）：食物放入油或汤中，一沸而出。”至今，盛产大闸蟹的江浙，还会把短时间水煮东西称为“煠一煠”。在很多吴方言里，煠的发音近似“zā”，而他们管“闸”也念“zā”，比如上海话，大闸蟹就叫“dǔ zā hà”。所以，闸和煠不管是在吴方言里，还是在普通话里，发音都是相同或酷似的。清道光年间的《清嘉录》中说，时人把湖蟹“汤煠而食，故谓之煠蟹”，所以“zhá蟹”本是水煮蟹之意。而煠字因为太生僻，后来就被写成“闸”了。

说法二：小说家包天笑写过一篇文章，叫《大闸蟹史考》。文中说，一位住在阳澄湖附近的人告诉他：“凡捕蟹者，他们在港湾间，必设一闸，以竹编成。夜来隔闸，置一灯火，蟹见火光，即爬上竹闸，即在闸上一一捕之，甚为便捷，这便是闸蟹之名所由来了。”

介绍一下这种竹闸吧。它的正名叫“簖”（音duàn），就是在秋季狭窄的河流里，用竹条编成栅栏，拦在河中，竹条远高于水面，挡住螃蟹向海洄游的道路。在栅栏的中央选一段，做出“河门”：把竹子割断，让它顶端只比水面高一点点，这是为了让行船通过。船过簖时，竹条被压弯，断茬如一把大梳刮过船底，嘎吱直响，好似给船挠痒一样，船一走，竹条弹回原状。有个对联“船过簖抓痒，风吹水皱皮”，即此。河门两端挂上灯，据我了解，这灯是为夜行船指明方向的：请往两灯之间走，否则会撞上簖。所以包天笑的朋友说簖上之灯是为了诱蟹，未必正确。我托江苏溱湖卖蟹的朋友田怀海询问了多名蟹农，都反映大闸蟹无明显趋光现象，反而会躲避强光。蟹碰到簖后，绝不会掉头返回。它们一心要爬向大海繁殖，一定会贴着栅栏找出口，便落入渔人的陷阱中。

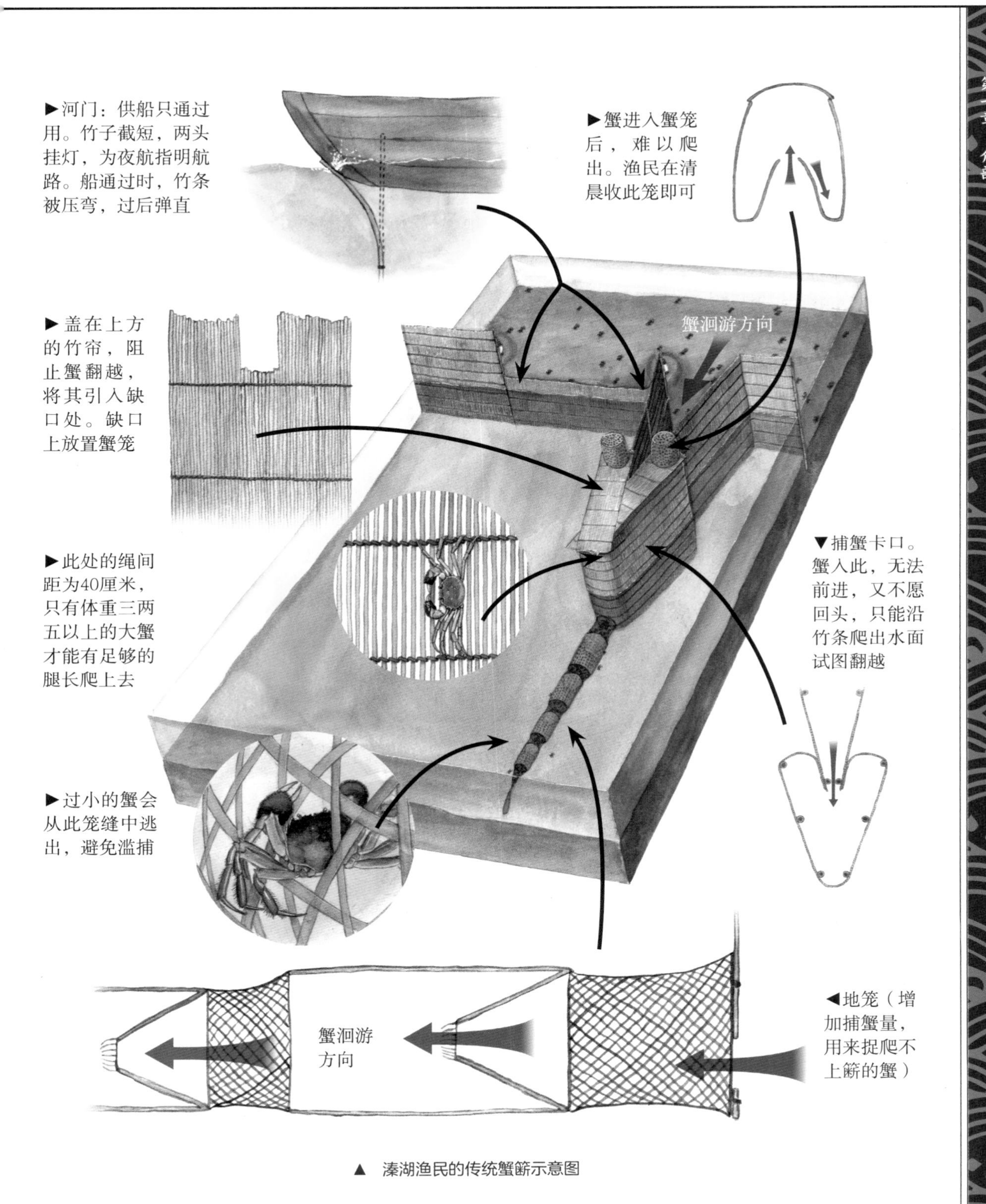

►河门：供船只通过用。竹子截短，两头挂灯，为夜航指明航路。船通过时，竹条被压弯，过后弹直
►蟹进入蟹笼后，难以爬出。渔民在清晨收此笼即可
►盖在上方的竹帘，阻止蟹翻越，将其引入缺口处。缺口上放置蟹笼
蟹洄游方向
►此处的绳间距为40厘米，只有体重三两五以上的大蟹才能有足够的腿长爬上去
▼捕蟹卡口。蟹入此，无法前进，又不愿回头，只能沿竹条爬出水面试图翻越
►过小的蟹会从此笼缝中逃出，避免滥捕
蟹洄游方向
◄地笼（增加捕蟹量，用来捉爬不上簖的蟹）


▲ 溱湖渔民的传统蟹簖示意图

## 二 说之疑点

但问题在于，这种捕蟹机关一直被称为“簖”或“沪”，没人叫它“闸”。在古籍中，中华绒螯蟹常被称为簖蟹，如朱彝尊“村村簖蟹肥”，屈大均“网蟹何如簖蟹肥”。可今日，簖蟹这个词只剩江苏泰州一个叫溱湖的地方在使用，那儿的大闸蟹叫溱湖簖蟹。若“竹闸说”为真，今日我们应该称“大簖蟹”或者“大沪蟹”才更合理。这是此说的可疑之处。

“煠蟹说”也有疑点。2014年《羊城晚报》上刊登了《“大闸蟹”名之由来》一文，作者支持“煠蟹说”。理由是中华美食都是以烹饪手法命名，而不是以捕捉方法命名。我觉得这个理由站不住脚。因为“大闸蟹”并不仅指烹饪后的蟹，还指活蟹，而活体食材几乎没有用烹饪手法命名的，反而常用捕捉法命名。举个例子，用鱼线钓上来的带鱼，比网捕带鱼的卖相更好，卖带鱼的就会吆喝“钓带”来显示商品质优，哪有喊“油炸带鱼”“红烧带鱼”的？这是“煠蟹说”的不合理之处。

大闸蟹之名的由来，主流观点就是这俩，并列于此，兼收并蓄吧。其他说法也有，如某学者认为，中华绒螯蟹的螯上绒毛、足上刚毛酷似人的睫毛，所以古人口语叫它“睫蟹”，睫和闸音近，后被写为闸蟹。这种毫无史料佐证的猜测，我难以接受。

## 吃蟹的传言

我和爱人都爱吃蟹，她怀孕那年，蟹端上桌却不敢动，皆因那个著名传言：“螃蟹寒凉，孕妇吃了会流产。”

古代确有孕妇不能吃大闸蟹的记载，但理由不是寒凉。妇产科医书《妇人大全良方》《济阴纲目》等书说：“食螃蟹，令子横生。”就是说，螃蟹是横着走的，所以孕妇吃了螃蟹，孩子就会横着生出来。这是明显的“取象比类”法，纯属臆想。

类似的说法还有：孕妇吃兔肉“令子缺唇”，就是吃了兔肉，孩子就会兔唇。还有吃鳖肉“令子项短”，因为王八会缩脖子。为什么不是令子项长？王八脖子伸出来挺长的嘛。如今，这些说法早就被扔进历史的垃圾堆了，只有螃蟹这条依然存活，还换上了“寒凉”的理由。但是事实最重要。在医学昌明的今天，只有青岛市报道过13例早

▲ 2018年10月24日，我和@松鼠云无心、@战争史研究WHS、@开水族馆的生物男、@妖妖小精一起在昆山同吃螃蟹、柿子，无人感到任何不适

孕期妇女吃海蟹导致先兆流产（先兆流产不等于流产，其中12例患者几天后症状消失，继续妊娠），分析结果是这些妇女对海产品过敏。而关于淡水的大闸蟹，并没有食用后导致流产、难产的可靠病例。

所以我跟爱人说："想吃就吃，只要不吃脏蟹、死蟹、没熟透的蟹，又对蟹不过敏，就没问题。我买的这蟹是品质最好的，个个活，又多蒸了一会儿，保证熟。您不来一大口吗？"说着把蟹盖一掀，握腿一掰，顿时"白似玉而黄似金"。爱人哪儿受得了这个？打这儿起，哪顿吃蟹也没少了她，最后顺利诞下一名可爱的小姑娘。

还有一个著名传言——"大闸蟹不能和柿子同吃"，并且讲出"科学"道理：柿子里的鞣酸会让蟹的蛋白质凝固，使人腹痛。到底是不是真的呢？2018年10月24日，我和微博大V@松鼠云无心、@战争史研究WHS、@开水族馆的生物男、@妖妖小精在江苏昆山参加"风物之旅"活动，正好是产蟹季，大家就买了一堆螃蟹和柿子，亲身试验。

我们吃的是熟透的柿子，软软的，一点不涩。食品专家云无心说，涩柿子鞣酸多，别说配螃蟹，单独吃多了也不行，容易生成胃柿石，所以一定要吃不涩的。

我一共吃了4个柿子，云无心吃了5个，其他人也各吃两三个。蟹呢，有清蒸蟹，有生的醉蟹，每人平均吃了五六只。为了让蟹和柿子同时下肚，我特意吃一口柿子，就一口螃蟹，并且让摄影师录了下来。

吃完之后我就把这事发了个微博，评论里各种人说："这俩不能一起吃，我妈/我爸/我上次吃了就吐了/拉肚子了！"这种评论其实是很强的心理暗示，肚子不疼也容易看疼了，但我一边看一边特意感受肚子，完全不疼。

后来，我们几位都没有任何不适（除了@战争史研究WHS吃太多了有点撑）。所以可以告诉大家，我们有男有女，有老有少，螃蟹与柿子同吃了，没有问题。当然，我们几个人太少，样本量不够。但至少，这个堪称最著名的"食物相克"搭配，在我们几个人身上不管用。事实上，1935年，中国营养学的奠基人郑集也亲自同吃过蟹和柿，不但毫无不适，还活到了110岁。

"螃蟹的蛋白质多，柿子的鞣酸多，在肚内相遇引发凝固"这个说法，稍微一想就很不合理。鸡蛋、牛奶、肉也是高蛋白食物，可没听说柿子与它们相克。云无心告诉我，螃蟹容易积攒污染物、含有异体蛋白，未熟透的柿子鞣酸多，容易形成胃柿石，胃肠敏感的人，光吃螃蟹或光吃柿子，都容易引起不舒服。合在一起吃，不适的概率就提高了。但胃肠功能好的人，只要选择鲜活干净的蟹、熟透的柿子，哪怕同吃也没事。所以，不能把个别情况当成普遍规律。中国农业大学的营养学专家范志红老师对“蟹柿相克”有一段好评语：“吃了螃蟹再吃柿子，的确有人肠胃不舒服，但也有人吃完一点事没有。把这种不舒服称为相克，实际上是误导。有人吃了菠萝过敏，但你不能说人人不能吃菠萝；有人吃了虾肚子疼，再喝杯凉水肚子更疼，但你不能说虾和凉水相克。”

蟹柿同吃后，我还有个发现：柿子的味道竟然和大闸蟹特别搭。我惊喜地跟云无心老师分享了这个体会，他也同意。尤其是嚼略硬的雌蟹蟹黄时，来一口软柿子，柿子特有的香味和汁水正好可以浸润蟹黄，放大蟹的鲜甜。

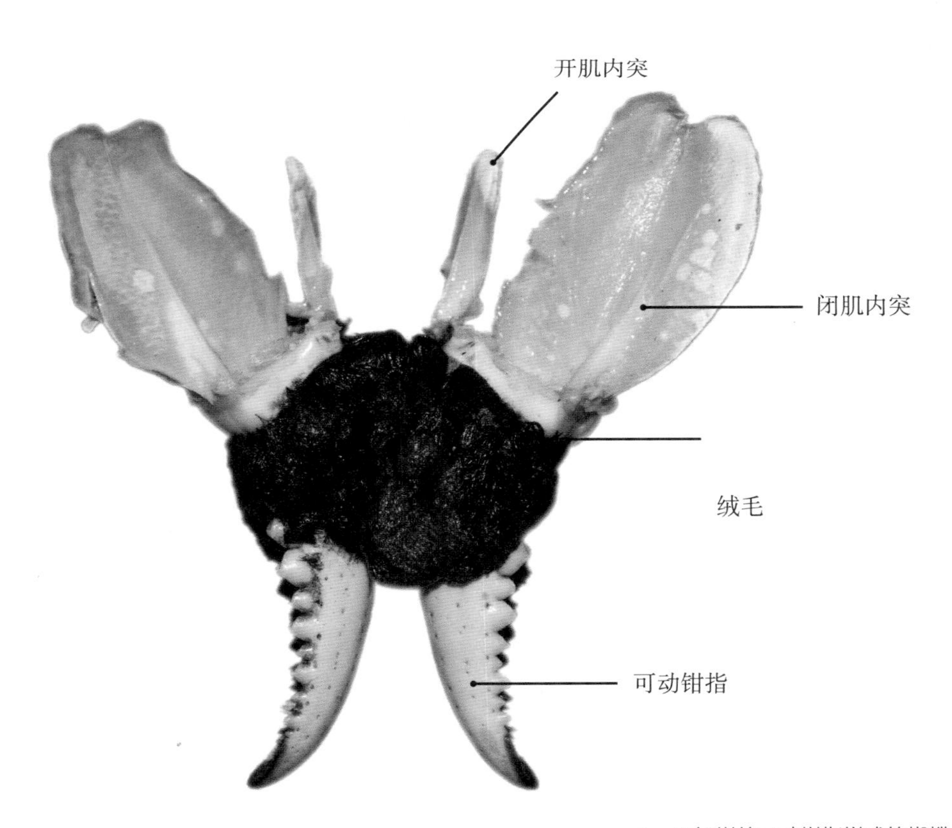


▲ 用蟹钳的可动钳指拼成的蝴蝶

# 中的法海和蝴蝶

前外交部礼宾司司长鲁培新回忆，1992年日本明仁天皇访问上海，日方发现宴会菜单上有一道大闸蟹，立刻提议取消这道菜，因为他们知道大闸蟹多难剥，天皇嗑螃蟹状若被记者拍下，成何体统！中国人说，放心，我们都安排好了。

宴会当晚，许多日本记者早就得到消息，镜头全对准天皇，就等拍他吃螃蟹（这是什么心态）。结果，揭开蟹盖，里面是早已被上海厨师拆好的膏黄和肉，天皇体面地吃完了。事后还托日方礼宾司司长告诉中方："中国朋友真有办法！"

这不算什么，吃蟹时，中国人的花样多的是。

其中一种玩法，是用蟹钳拼出一个蝴蝶。把螃蟹能活动的那根手指（可动钳指）掰下来，会带出两片骨片，这是用来附着开钳、闭钳的肌肉的。大的那片叫"闭肌内突"，小的那片叫"开肌内突"。把两个可动钳指并肩贴好，指尖朝下，一个向左，一个向右，把中间湿漉漉的绒毛使劲一摁，绒毛彼此纠结，干了之后就结为一体，变成蝴蝶形状了。细长的开肌内突是触角，宽大的闭肌内突是前翅，后边两个指尖就是蝴蝶后翅上的凤尾。

我父亲儿时在浙江嘉善的亲戚家吃蟹，亲戚在餐桌上随手把蝴蝶拼好，扭头一摁，就贴在了墙上。这顿吃了几只蟹，墙上就落了几只蝶。

另一种玩法，鲁迅在《论雷峰塔的倒掉》里提过，他说，大闸蟹

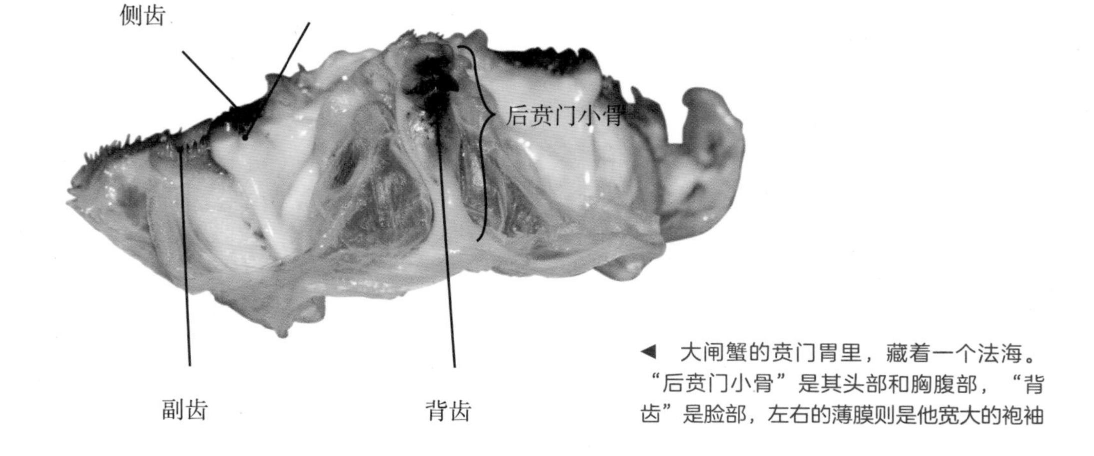


◀ 大闸蟹的贲门胃里，藏着一个法海。"后贲门小骨"是其头部和胸腹部，"背齿"是脸部，左右的薄膜则是他宽大的袍袖

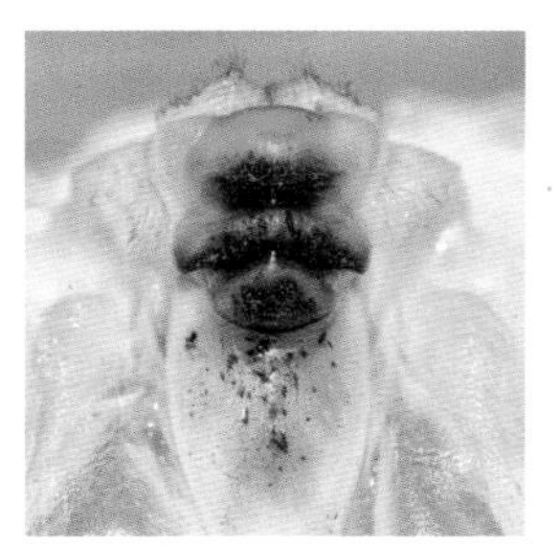
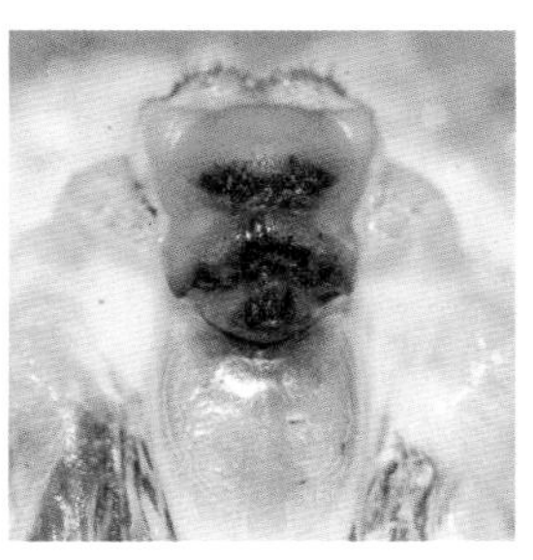
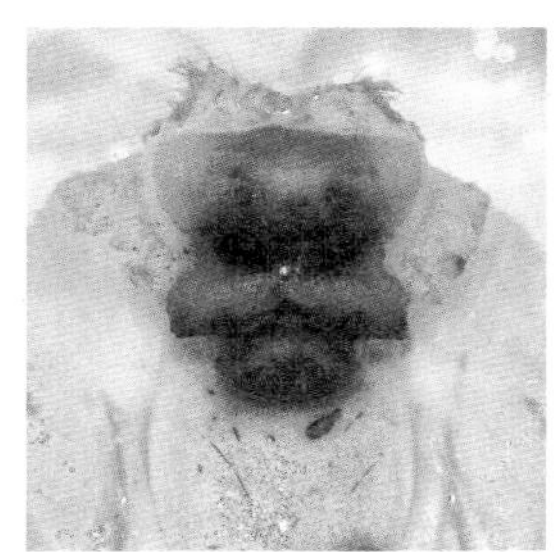
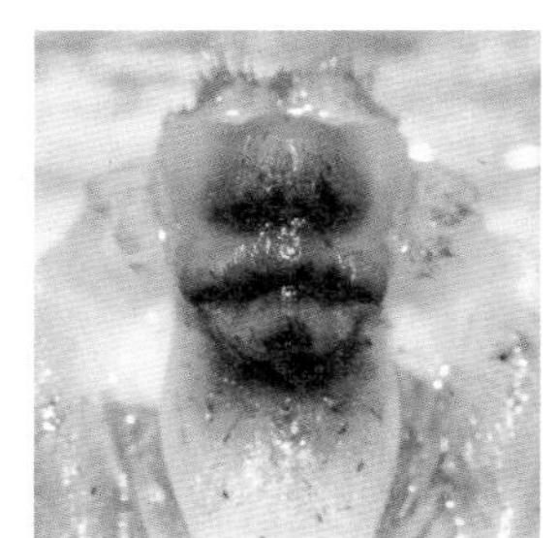

▲ 我用微距镜头拍下四只大闸蟹的“法海脸”，发现每个表情都不一样。个别法海还长有胸毛

的体内有一个“罗汉模样的东西，有头脸，身子，是坐着的，我们那里的小孩子都称他蟹和尚，就是躲在里面避难的法海”。传说法海镇压白蛇后，玉皇要惩罚他，所以他躲到蟹壳里了。

法海怎么找？蟹盖揭开后，它会连在盖上，而不是“底盘”上。在螃蟹嘴后面，有一块三角锥形的东西，由薄膜组成，空心的，没法吃。从薄膜中央划破，把里面翻到外面，就能看到一个穿着宽袍大袖衣服的人，端端正正坐在那。眼神够好，还能看到胡子、眉毛，表情挺不高兴。我有一次吃了好几只螃蟹，用微距镜头拍下每只螃蟹里的法海，放大后发现，表情个个都不一样。

这个三角锥形的部位，其实是螃蟹的贲（音bēn）门胃。法海的眉毛、胡子，其实是胃里的“背齿”，身体两侧的两排锯齿，叫“侧齿”。螃蟹吃东西时，口器只是把食物简单地咬断，到了贲门胃里，背齿（法海的脸）和侧齿不断摩擦，才算把食物精细磨碎。

有人说，这个东西不是法海，是秦桧。我觉得不是。它的脑袋明明是个秃顶嘛！再说秦桧已经被人民群众关进很多食物里了，什么油炸桧、葱包桧、炸桧菜，饱受分身乏术之苦，不妨把蟹胃让给法海，也算给秦桧减负了。

## 海错图笔记的笔记 · 大闸蟹

◆ 世界上有四种绒螯蟹：中华绒螯蟹（大闸蟹）、日本绒螯蟹、狭额绒螯蟹、台湾绒螯蟹，它们都在中国有分布。

◆ “大闸蟹不能和柿子同吃”是谣言。只要胃肠健康的人，选择鲜活干净的蟹和熟透的柿子，同吃也没事，但要适量。

# 第二章

# 鳞部

# 带鱼

## 【灿然如刀，同类相残】

◎ 带鱼是再寻常不过的海味，似乎没什么新奇的。但要是有人告诉你：带鱼会“立着”游泳；带鱼可以钓；钓起一条带鱼可能会带出好几条，首尾相连……你是不是就有兴趣了？

帶魚畧似海鰻而薄匾全體爛然如銀魚市懸烈日下望之如入武庫刀劍森嚴精光閃爍産閩海大洋凡海魚多以春發獨帶魚以冬發至十二月初仍散矣漁人藉釣得之釣用長繩約數十丈各綴以釣約四五百植一竹於崖石間拽而張之俟魚吞餌驗其繩動則棹舡隨手舉起每一釣或兩三頭不止予昔聞帶魚遊行百十為羣皆啣其尾詢之漁人曰不然也凡一帶魚吞餌則鉤入腮不能脱水中跌蕩不止乃有不餌者啣其尾若救之終不能脱啣者亦隨前魚之勢動摇後魚人有欲救而啣之者然亦不過二三尾而止無數十尾結貫之事浪傳之言不足信也臺灣帶魚亦發於冬大者濶尺許重三十餘觔康熙十九年王師平臺灣劉國顯餽福寧王總鎮大帶魚二共六十餘觔考諸類書無帶魚閩志福興漳泉福寧州並載是魚蓋閩中之海産也故浙粤皆罕有焉然閩之内海亦無有也捕此多係漳泉漁户之善水而不畏風濤者架船出數百里外大洋深水處捕之是以禁海之候偷界採捕者無帶魚不能遠出也帶魚閩中醃浸其味薄其氣腥至江浙則乾燥而香美矣字書魚部有鮮魚即指帶魚也

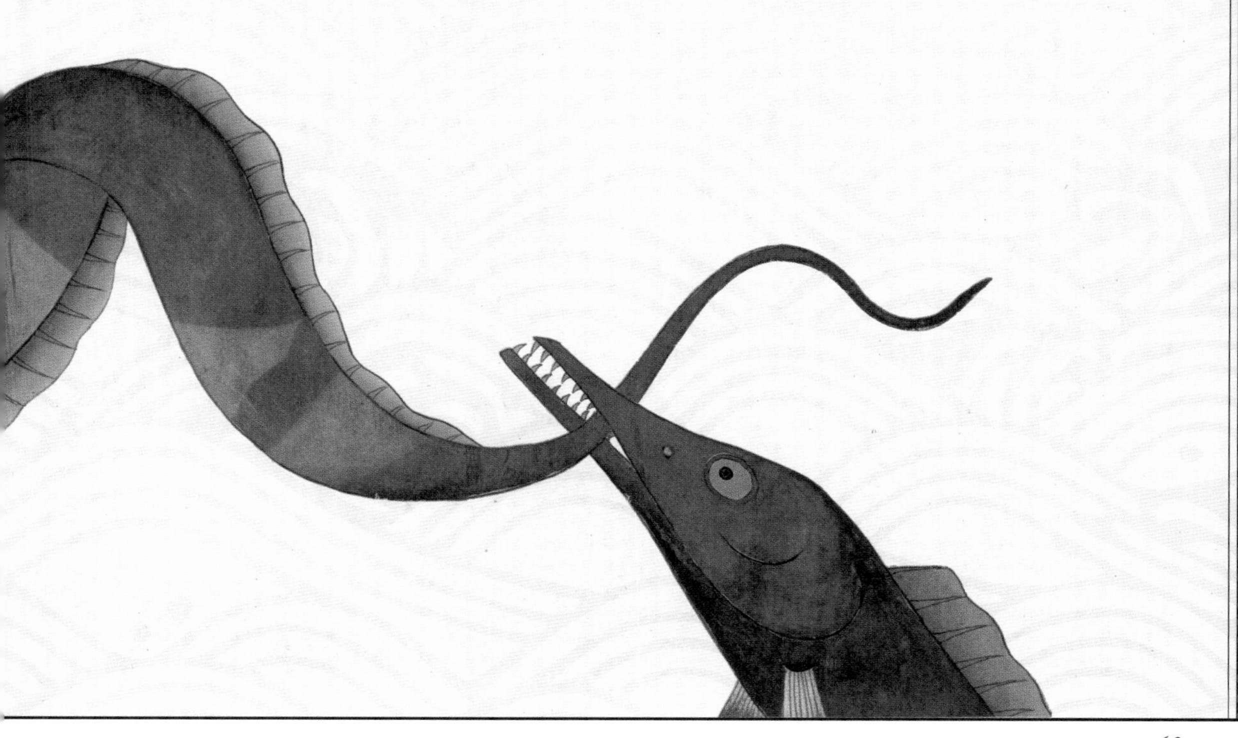

## 远看卖刀的，近看卖鱼的

内地人对带鱼的样子，应该没什么好印象——被冻得硬邦邦的，躺在菜市场的台子上，身上处处伤痕，表皮脱落，散发着轻微的腥臭味。

但若去海边，看到刚打上来的新鲜带鱼，那简直能用“惊艳”来形容。整条鱼光滑无瑕，就像镀了一层银，甚至可以映出人影。清代人喜欢把新鲜带鱼悬挂起来售卖，那场景就像《海错图》中描述的：“望之如入武库，刀剑森严，精光闪烁。”正因这晃瞎人眼的造型，带鱼在日本也有“太刀鱼”的美称。

为什么市场上没有活带鱼？或许你曾听说：“因为带鱼是深海鱼，捞上岸后会因压力变化导致内脏破裂而死。”这个说法根深蒂固，使很多人觉得带鱼只在深海生活。

▼ 新鲜带鱼银光闪烁，像一把把钢刀

## 摸黑钓带鱼

其实，带鱼每天都要从海底到海面往返一次。傍晚，带鱼们就从海底上浮，来到水面活动。天刚亮，它们又开始潜入海底。上浮下潜的速度很慢，这样身体就能适应水压的变化。

所以，渔民会趁晚上和清晨，用鱼竿钓带鱼。按《海错图》和其他古书记载，是用一根长绳，上面套上竹筒，让绳子浮在海面。在长绳上用铜丝挂满上百个鱼钩（普通线容易被带鱼咬断，得用铜丝才行），把鱼竿插在石缝里，鱼一咬钩就提竿。

还有种方法是在船上钓。这就更机动了，可以追着带鱼群钓。福建钓带船一度令浙江官员颇为头疼。浙江巡抚张延登《请申海禁疏》称："闽船之为害于浙者……一曰钓带渔船，台之大陈山，昌之韭山，宁之普陀山等处出产带鱼，独闽之蒲田、福清县人善钓。每至八九月联船入钓，动经数百，蚁结蜂聚，正月方归。"

现代人的钓法更加高级，有的在线上挂个荧光棒，方便夜间观察上钩情况。有的是用船拖着饵钩前进，犹如活饵。还有的是把钓钩挂上吊坠，用长线沉入海底，钓深处的带鱼。

现在，带鱼基本都是网捕的了，但钓起来的带鱼依然受欢迎，被人们特称为"钓带"。和网捕带鱼相比，钓带的体表不会被网子划伤，而且一般大鱼才咬钩，所以卖相更好，比网捕带鱼卖得贵。

钓带虽然没有水压突变的问题，但出水后也不耐活，加上身体太长，用鱼缸养不现实，所以市面上不卖活带鱼。只有个别水族馆（如日本葛西临海水族园）养着活体带鱼，供人参观。

# 带鱼连连看

钓带鱼时，会发生一种神奇现象。《海错图》画的就是这个场景：一条带鱼咬钩后，另一条会咬住它的尾巴，从而被一起提出水。这不是谣传，今天人们钓带鱼时，仍能看到这种奇观。有时甚至能一次提起三四条带鱼。闽南有渔谚“白鱼相咬尾”“白鱼连尾钓”即此。

这种行为引发了人们的想象。《物鉴》等古书还添油加醋，说带鱼本来就是一个叼着一个的尾巴，排成队游泳的。只要抓到一条，就能像拽缆绳一样拉起“带鱼链”，源源不绝。等船装满了带鱼，渔人就举刀斩断鱼链，把剩下的扔回海里。

聂璜显然不相信这种夸张的描述，他问了渔民，渔民告诉他：“带鱼咬钩后，在水中挣扎。旁边的带鱼为了救它，会咬住它的尾巴拽，结果自己也被钓上来了。但是顶多两三条，什么几十条连成串的都是瞎传，不要信。”

在今天看来，这个渔民的“辟谣”只对了一部分。带鱼连串确实没有数十条那么夸张，但它们咬尾巴不是为了救同伴，而是同伴的挣扎引发了它们的食欲。

带鱼虽然平时结队而行，看似和睦，但其中一条有难，其他的不是去营救，而是立刻扑上去啃咬。中国水产科学研究院曾经解剖了1202条东海带鱼的胃，发现35%的食物是其他带鱼。渔民钓带鱼时，上钩率最高的鱼饵也是带鱼肉。可见它们非常喜欢捕食同类，所以被连串钓出水，也怨不得别人了。

◀ 带鱼平时成群结队，大多数时候，它们并不像海蛇那样扭动游泳，而是直挺挺的，仅靠背鳍的波状摆动前进。图中是休息时的样子：头朝上，尾朝下，“站”在水里

▲ 宁波餐厅里即将下锅的“带鱼炖白菜”

◀ “盐烤带鱼”能激发出鱼皮的香味

## 清蒸带鱼？带鱼刺身？！

内陆人吃带鱼，不外乎红烧、干炸等重口味做法，这样才能掩盖它浓厚的腥味。可在浙江宁波沿海，清蒸带鱼是最受欢迎的。内陆人会觉得，清蒸带鱼得多腥啊！但新鲜带鱼可不腥，还有独特香味，不清蒸就糟蹋了。

你以为清蒸带鱼就够奇葩了？不，日本还有带鱼刺身！没准儿有人看到这四个字就想吐了。但这几年，带鱼一跃成为日本全国喜爱的高级鱼生，鱼越大越好，因为它富含脂肪，回味甘甜，和寿司饭更是绝配，那浓郁的鲜味，被称为“顶级的味道”。

清蒸带鱼和带鱼刺身有个共同点：都崇尚不刮“鳞”，带皮吃。带鱼其实没有鳞，它的银色体表是一层薄膜，富含鸟嘌呤。这层皮营养丰富又好吃，如果嫌皮太厚，可以用火燎一下，皮下脂肪的香味就出来了。

不过，貌似康熙年间的人还没开发出这些吃法。《海错图》中只记载了一种吃法：腌，也就是“咸带鱼”，还说福建的咸带鱼又腥又没味，江浙的则“干燥而香美”。

## 东海霸主的衰败

如今带鱼家家常见，《海错图》中却说“浙、粤皆罕有，闽之内海亦无有”。其实不是没有，而是康熙年间的渔业不发达。当时人们只会钓带鱼，不会网捕，加上带鱼冬季才有大鱼汛，顶着冷风钓鱼实在辛苦，只有冬季缺粮的穷人才愿意钓带鱼。

光绪年间，人们能网捕带鱼了。到了民国，捕捞技术更发达，加上人们发现了一个带鱼大本营：浙江嵊山渔场，带鱼的捕捞量突然增加，成为中国四大渔产（大黄鱼、小黄鱼、乌贼、带鱼）之一。

中华人民共和国成立后，桨帆船变成机帆船，苎麻渔网变成尼龙网，捕捞期从冬天变成了全年，网眼越来越小，连晚上都打着灯光捕鱼。几十年的疯狂捕捞后，人们突然发现，《海错图》中“大者30余斤”的带鱼不见了，捞上来的大都是细如皮带，甚至手指粗细的幼体，它们刚生下来不到一岁就被捕了。

现在，中国沿海依然有人钓带鱼休闲，但再难看到“带鱼连尾”的景象了。

► 聂璜为带鱼写了一首《带鱼赞》：“银带千围，满载而归。渔翁暴富，蓬荜生辉。”幽默地再现了清代渔民钓带鱼的场景

帶魚贊
銀帶千圍
滿載而歸
漁翁暴富
蓬壁生輝

▲ 浙江台州的码头，渔民正在整理的带鱼比手指粗不了多少

## 海错图笔记的笔记·带鱼

◆ 刚打捞上来的新鲜带鱼，整条鱼光滑无瑕，就像镀了一层银。

◆ “带鱼是深海鱼，出水就因水压变化而死”是谣言。趁它夜晚上浮时垂钓，就可钓上活带鱼。但带鱼出水后不耐活，加上身体太长不好养，所以市面上不卖活带鱼。

◆ 带鱼平时成群结队，大多数时候，它们都是直挺挺的，仅靠背鳍的波状摆动前进。

# 鳄鱼、鼍

## 【身披火焰的龙种】

◎ 如今大家都知道鳄鱼长啥样，但在清代，想见鳄鱼一面还真不容易。聂璜也没见过鳄鱼，不过他采访到一个目击过鳄鱼的人。此人眼中的鳄鱼，是什么样子呢？

闊四足短而有爪尾甚長不尖而扁牙雖剌而無舌逢人物在水崖則以尾撥入水吞之所最異者兩目之上及四腿之傍有生成火焰白上襯紅如繪將焚之日欲焚諸物諸番臣以犀牛有角可珍長尾猴具有靈性俱不傷人焚之可惜番王令放其猴於山犀牛養於浦村港口令牧人日給以芻惟鱷魚及乳虎舁至滹沱地方架薪木焚祭遠近聚觀者數萬人此日暢玩是以得備識鱷魚形狀即為予圖并記其事愚按龍稱神物故被五色而遊而詩亦曰為龍為光故繪龍者每增火鬣非矯飾也今鱷體有生成赤光儼類龍種但其性惡戾特龍種之惡者耳其所生種類亦必不善海中有鉤蛇其尾有鉤魟魚尾如蠍而有毒鮫鯊之大者能吞人吞舟黍之珠璣籔之說寧皆非鱷之餘孽乎此予所以於魟魚鯊魚之上而必以鱷統之也張漢逸曰存翁著此圖考於古者既稽之芸簡訪於今者又詢於芻蕘故每能以其所已知者推及其所不及知者如鱷身光焰群書不載不經目擊者取證何由詳悉如此予曰一人之耳目有限千百人之聞見無窮蜥蜴之狀掉尾之說吞人畜之事憑乎人之所言更合乎書之所記信乎不謬

鱷魚贊

鱷以文傳其狀難見
遠訪安南披圖足驗

鱷魚類書及字彙云似蜥蜴而大水潛吞人即浮潮州志載府城東海邊有鱷溪亦名惡溪有鱷魚往往為人害鹿行厓上羣鱷鳴吼鹿大怖落厓鱷即吞食珠璣藪載鱷魚一產百卵及形成有為蛇為龜為鮫鯊種種不同之異韓昌黎有祭鱷文亦惡其為人物害也其文後註鱷魚尾上有膠水邊過有人畜即以尾擊拂之即粘之入水而食諸說如此其魚獰惡難捕其真形不可得見康熙己卯春閩人俞伯謹云曾於安南國親見細詢其詳述自康熙三十年表兄劉子兆為海舶主人自閩載客貨往安南貿易携予偕往自福省三月二十五日開船遇順風七日抵安南境二十四日進港登岸遊其國都見番人皆披髮跣足適安南番王為王考作週年令各府及各國獻異物焚祭以展孝思時東坡蔗地方獻犀牛其角在鼻體逾於水牯而尾長尾上毛大如斗身有斑駁如松皮狀而黑灰色又所屬新州府官獻長尾猴其猴身上赤下黑尾長尺餘又浦門府官獻乳虎十三頭僅如狗大而色黃惟占城國貢鱷魚三條各長二丈餘以竹筏作巨籠盛之尚活其魚金黃色身有甲如魚鱗鱗上生金線三行口方而闊有兩耳目細長可

▲ 《海错图》中的《鼍》。此图根据一位在湖南见过鼍的人的描述所画，外形失真，但从文中提到的分布地（长江中下游）、外形（长得像龙和穿山甲，仅1米多长）、习性（在岸边挖洞做巢，力大但不伤人）等来看，应是扬子鳄。图中的鼍正在吐雾——这也许是因为其栖息的湿地常有水汽，而被人臆想出的技能

## 妖 魔化的鳄鱼

中国是鳄鱼的故乡之一，古人早就对它有所记载。但到了清代，由于栖息地减少、气候变冷，鳄鱼的种类和数量大大减少，很少有人见到了。聂璜也是久闻鳄鱼大名，未见鳄鱼真身。

虽说他久居的长江中下游地区有扬子鳄出没，但古人管扬子鳄叫“鼍”，并不将其视为一种鳄鱼。况且就连鼍，聂璜也未亲眼见过。

聂璜对“鳄”十分好奇。查阅资料后，他发现古书中的鳄是这样的：长得像蜥蜴，但比蜥蜴大；会潜水，但吞人后就浮出水面；广东潮州有一条“鳄溪”，鹿走在溪边，群鳄大吼，把鹿吓得落水，鳄即吞之；鳄尾上还有胶，尾巴一扫，水边的人就被粘住，落入水中……

这些传说的真实性让人怀疑，聂璜也不敢轻信。直到某年春天，他遇到了一位叫俞伯谨的福建人。此人曾在安南国（注：今越南北部）亲眼见过鳄鱼，聂璜赶紧让他细细讲来。于是，俞伯谨讲了一个有趣的故事。

## 远赴安南，得见异兽

俞伯谨说：“康熙三十年（1691年），我表哥去安南做生意，我随同前往。正赶上安南国王给他父亲过忌日，命各地进贡异兽。我们便去围观。有人进贡了犀牛，有人送来长尾猴，还有人进贡刚出生的小老虎13头。

“占城国（注：今越南南部）进贡了鳄鱼三条，每条长两丈（注：6米多），金黄色，身有甲，鳞上有金线三条。口方而阔，四足短而有爪，尾又长又扁。最奇异的是，眼上和腿旁有火焰生成，白底衬红，像画上去的一样！

“这些进贡物本来要烧掉祭祀，但安南大臣认为，犀牛有珍贵的角，烧了可惜，长尾猴有灵性不伤人，所以把猴放了，犀牛养起来了，只把鳄和小老虎烧掉了，当时围观者数万人。那天，我记住了鳄的样子。”

俞伯谨说完，给聂璜画了鳄鱼的简图，聂璜又重新描绘，变成了《海错图》中的这幅画。

聂璜最为惊异的，是鳄鱼竟然身带火焰。他认为，虽然“鳄身光焰，群书不载”，但俞伯谨是目击者，比书本更可信。龙是神物，所以人们画龙时会添上火焰。现在鳄鱼竟也带火，可知它是龙种，只不过是龙种中的恶种。

终于知道鳄鱼长什么样子了，聂璜很高兴，写了一首《鳄鱼赞》：

鳄以文传，其状难见。

远访安南，披图足验。

▼ 扬子鳄又称“鼍”，一般只有1米多长，很少伤人，反而常被人剥皮制成“鼍鼓”。中国古人把它列为与鳄不同的另一种动物

▲ 湾鳄又名咸水鳄，是现存最大的鳄鱼，传说能长到七八米。目前确切记录的最大个体为6.17米，在菲律宾捕获。图中是它死后按原比例做的模型

► 3000年前马来鳄曾生活在中国，但现在仅生活在马来半岛、苏门答腊一带

## 鳄鳞生火？

以今天的眼光看这幅画，除了嘴画得过短，还是挺接近真实鳄鱼的。“鳞上有金线三条”应指的是鳄鱼背上隆起的几排“鬣鳞”。体色“金黄色”也基本属实，因为鳄鱼本就有不少黄色鳞片。

最大的问题就是身上的火焰。现实中鳄鱼没有类似的构造，而现实中的火焰也不可能“白上衬红”，还“如绘”。要么是俞伯谨在讲述时添油加醋，要么就是进贡者“绘”上去的。毕竟在中国历史上，“加工祥瑞”的现象数不胜数。比如，曾有人在龟肚子上书“天子万万年”，并进贡给武则天；袁世凯刚要称帝，就有官员声称田里的蝗虫头上有“王”字。所以，占城国给贡品鳄鱼画上火苗，想来也不是什么稀奇的事情。

## 古时大鳄，今已南撤

从这条鳄鱼长达6米的体长推测，它应该是湾鳄（咸水鳄）。湾鳄是现存最大的鳄鱼，只有它能达到6米长。而且，进贡鳄鱼的占城国版图是一个全部临海的窄长条，湾鳄又是唯一在海水中生活的鳄，更

平添了几份可信。有人认为，这幅画也可能是马来鳄，但马来鳄的嘴细长如仙鹤，完全不符合画中短粗的样子和文字中“口方而阔”的描述。还是湾鳄更接近些。

如果按确凿的考古挖掘记载，那么曾有两种鳄鱼和中国人一同生活：马来鳄和扬子鳄。珠三角一带已挖掘出很多马来鳄的骨骼，扬子鳄更是至今尚存。但马来鳄吻部细长，主要抓鱼和小动物。虽有伤人记录，但不是常态。扬子鳄更是体型太小，性格温和，这两种鳄都难以因吃人出名。

所以我怀疑，古籍中吃人、吃鹿的大鳄，也有可能是湾鳄（虽然还没有可靠的出土骨骼证明这一点）。比如，唐朝时期是中国气象史上著名的“暖期”，气温比现在高许多，喜好温暖的湾鳄就有可能从东南亚扩散到华南，伤及人畜。当时，潮州的“父母官”韩愈为此还特意写了《祭鳄鱼文》，命令鳄鱼撤回大海。到了明清，气温已比唐朝时低了很多，而且人口大增，侵占了鳄的栖息地，不管是湾鳄还是马来鳄，都退缩到更暖的东南亚了。

但湾鳄偶尔也会漂流到中国海疆。清宣统元年（1909年），水师提督李准在乘军舰巡视海南三亚时，遇到一条三四米长的湾鳄迎面游来（原文记载“自海面向船而来”，故最有可能为湾鳄，因为只有湾鳄有海生习性），李准问同伴：“那是什么？”同伴说：“是鳄鱼！韩愈在潮州写文驱赶的就是它！”说话间，鳄鱼已游到船旁，试图攀上船舷。李准赶忙掏出手枪，用两颗子弹将它击毙。

自那以后，虽然2003年香港的元朗山贝河出现过一条湾鳄，但它极有可能是被弃的宠物，或偶然随洋流漂来的。总之，今天的中国人再不必担心被鳄鱼所吞了。

## 海错图笔记的笔记·鳄鱼

◆ 中国曾分布有马来鳄和扬子鳄，可能有湾鳄。现仅存扬子鳄。扬子鳄体型小，性格温和，甚至不被古人归为鳄。

◆ 湾鳄又名咸水鳄，是现存最大的鳄鱼，目前确切记录的最大个体为6.17米。古籍中记载吃人、吃鹿的可能是湾鳄。

# 人鱼

## 【 鱼以人名，手足俱全 】

◎ 人鱼是有几千年历史的传说生物，在不同的书中有不同的形象，《海错图》里的这个应该算最丑的。

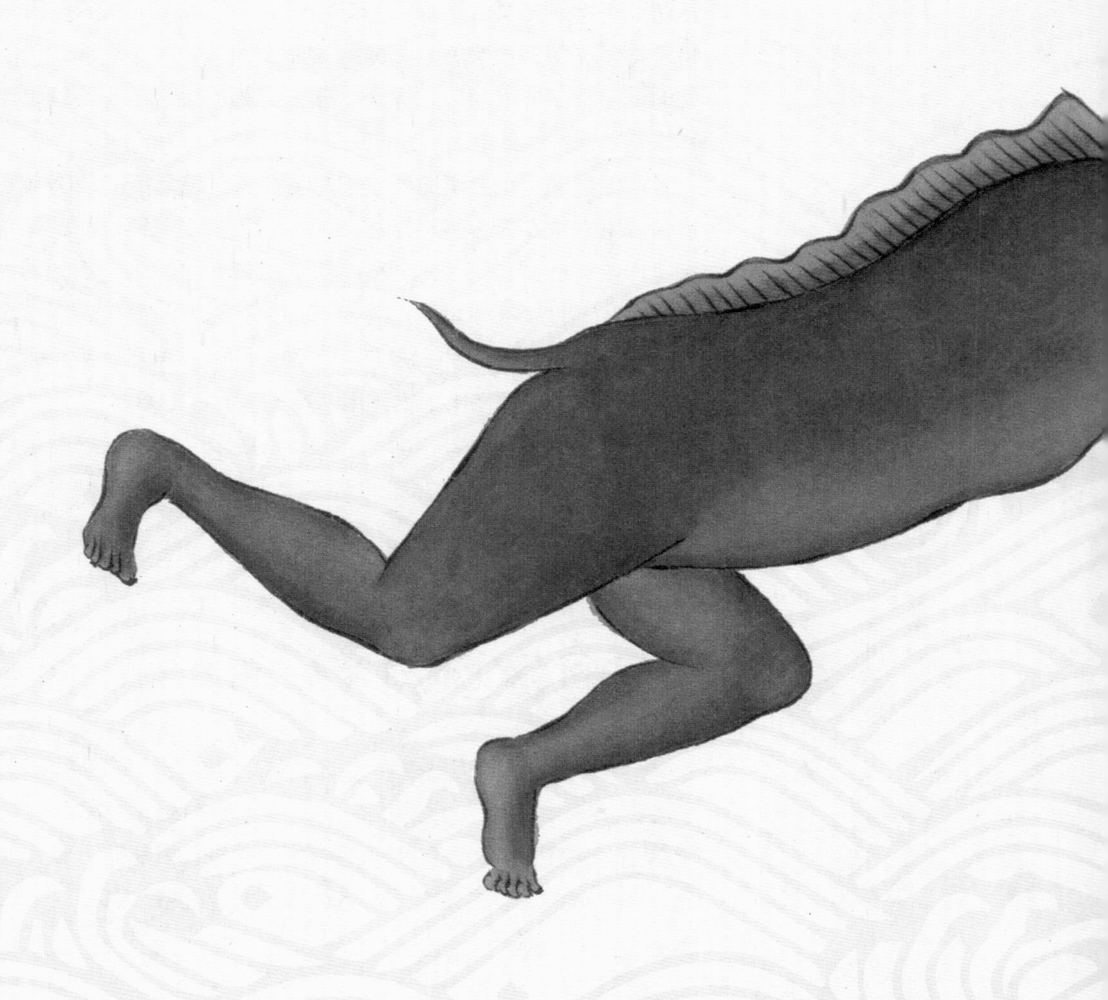

人魚其長如人肉黑髮黄手足眉目口鼻皆具陰陽亦與男女同惟背有翅紅色後有短尾及胼指與人稍異耳粤人柳某曾爲予圖予未之信及考職方外紀則稱此魚爲海人正字通作鰁云即鰕魚其説與所圖無異因信而録之此魚多産廣東大魚山老萬山海洋人得之亦能著衣飲食但不能言惟笑而已携至大魚山没入水去郭璞有人魚贊廣東新語云海中有大風雨時人魚乃騎大魚隨波往来見者驚怪火長有祝云毋逢海女毋見人魚

人魚贊

魚以人名手足俱全

短尾黑膚背鬣指胼

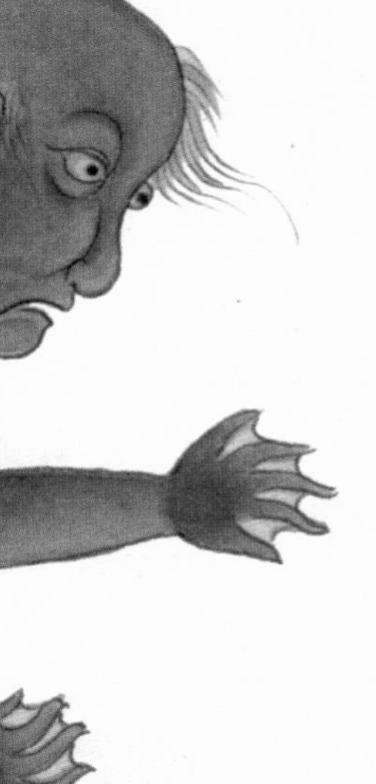

# 秃头海怪

一个姓柳的广东人，曾经给聂璜画过一种生物："人鱼"。但聂璜不相信有这玩意儿，因为它太怪了："其长如人，肉黑发黄，手足、眉目、口鼻皆具，阴阳亦与男女同。惟背有翅，红色，后有短尾及骿指，与人稍异耳。"

后来聂璜看到《职方外纪》和《正字通》都记载了这种生物，才把它画在《海错图》中。看这图，也不怪他当初不信：就是一个后背长鳍的秃顶中年男子。

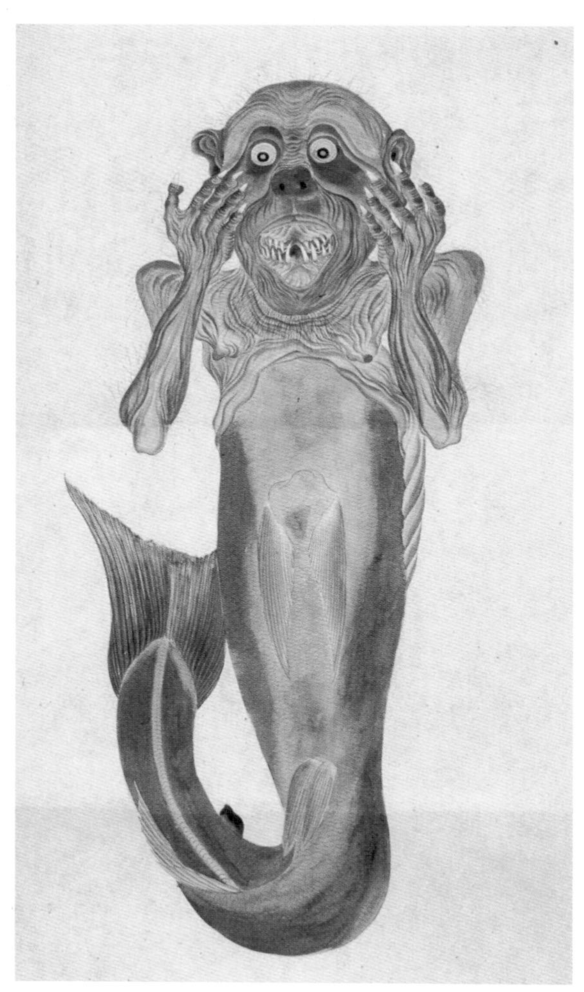

◀ 日本江户时代《梅园鱼谱》中的人鱼。这张图是照着一个所谓的"标本"绘制的。至今在一些寺庙、博物馆里还有类似的"人鱼标本"，不过它们都是18～19世纪的日本工匠用猴子、鱼等动物拼接成的假标本，有些供奉在寺庙神社，有些卖给正在全球收集生物标本的西方人

▼ 《山海经》里的一种人鱼——赤鱬（音rú）

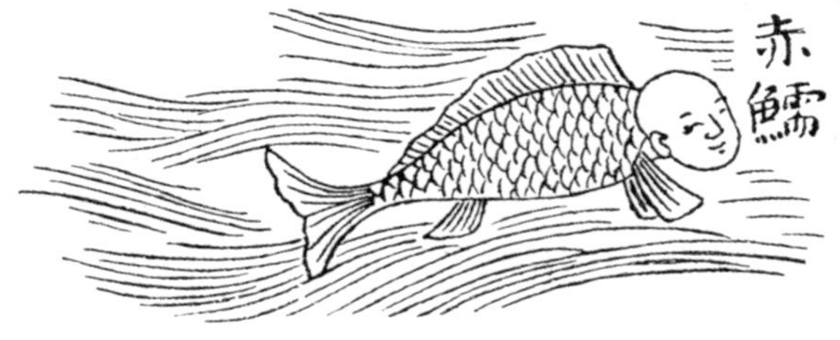

▲ 上为儒艮（gèn），下为海牛。它们同属海牛目，但分属儒艮科和海牛科。儒艮的尾鳍是月牙形，海牛尾鳍为圆形

## 从鱼到人

人鱼是历史非常悠久的传说生物。先秦的《山海经》里就多次出现："赤鱬，其状如鱼而人面，其音如鸳鸯。""人鱼，四足，其音如婴儿。"有人据此推测，早期的人鱼指的是大鲵（娃娃鱼）。

晋代的《博物志》又记载了鲛人，说它能纺织。那么就应该有人手了，但身体还是鱼形。

宋代《徂（音cú）异记》里的"人鱼"就更像人了："沙中有一妇人，红裳双袒，髻发纷乱，肘后微有红鬣……此人鱼也。"在《海错图》中，人鱼背上的红鳍也许就是"红鬣"的变化。

总体来看，人鱼的形象流变，是从鱼越来越像人。到了《海错图》这里，连鱼尾都快消失了。这种神话生物，现实中实在没有严格对应的原型。人们创造出这样的形象，更多是"深海恐惧"的体现，或是为了借物喻人，表达情感，就像《聊斋》里的狐仙故事一样。

# 消失的微笑

今天，人们总说："人鱼其实就是儒艮！"但似乎没有像样的证据。儒艮是海牛目的一种哺乳动物。据说它会把幼崽抱在怀里，露出海面喂奶，头上还顶着海草，看着像女人一样。其实这也只是传说，至今没人拍到过，缺乏可信度。儒艮喝奶是在水下喝，母亲的乳头在腋下，小崽含住直接喝就行，不用妈妈抱着，也不用露出水面。

不过儒艮确实是中国的海兽里最像人的了。它的鳍肢像人的胳膊，面部像微笑的胖子。《海错图》说，有人在广东海面抓到过人鱼，养在池中，"不能言，唯笑而已"，不禁让人想起儒艮。

儒艮生活在印度洋、西太平洋热带及亚热带的海域中，澳大利亚最多，有85000多头。中国是它分布的北界，只在海南、广西、广东和台湾有零星分布。那里部分区域的海底长满海草，正是儒艮的食物。

20世纪50年代，儒艮还不算太罕见。1958年12月23日至1959年1月3日期间，海南岛北部的澄迈县共捕获儒艮23头。

广西合浦也是儒艮出没的热点地区，中华人民共和国成立前，当地渔民视儒艮为神异，不敢捕捉。1958年以后，开始大肆围捕。1958—1962年，竟捕获了110头之多。1975—1976年又捕获28头。每次发现记录都是捕捉记录，当时的人也不知怎么了，看到儒艮就一定

▲ 在台湾垦丁拍到的海草。海草床是和珊瑚礁、红树林并列的重要海洋生态系统，能养活无数的生命。儒艮就爱吃这些海草

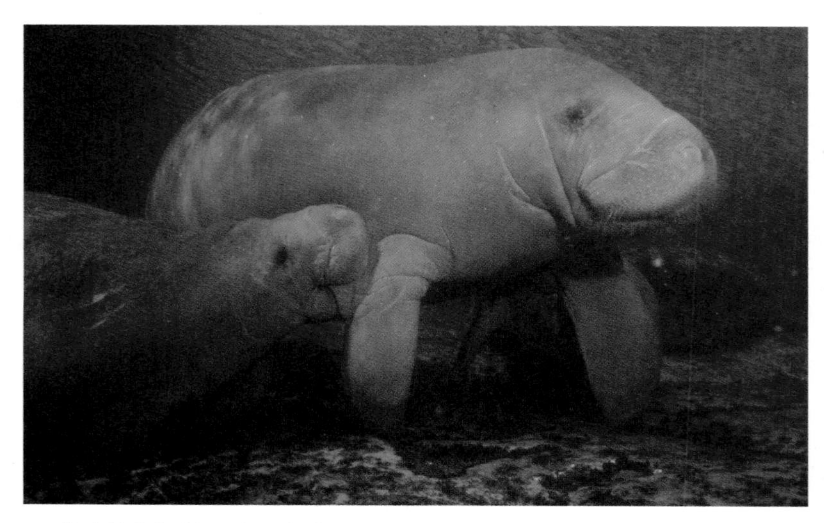

▲ 海牛幼崽在吃奶。儒艮的哺乳行为和这差不多。雌儒艮并不需要抱着孩子露出水面来喂奶

◄ 儒艮像推土机一样吃海草，旁边的鱼伺机捕捉惊起的小猎物



要把它抓住，好像不抓就吃了亏一样。

1992年，人们终于醒悟过来，在合浦建立了儒艮国家级自然保护区，但是晚了。之后儒艮只以个位数出现。1996年和1997年，各有一头儒艮被渔民非法炸死。1997年，3头儒艮从铁山港3号灯标向营盘方向游去。2000年，沙尾村渔民发现3头儒艮，有一头搁浅被解救送回大海。2002年，沙田村渔民发现5头儒艮在距船七八米处浮起。

2014年，我来到合浦保护区采访。海边的大广告牌上印着海草、儒艮、中华白海豚、文昌鱼和中国鲎的照片，告诉当地人这些生物都需要保护。

我问队里的专家："现在还有儒艮吗？"专家说："没了好久了。现在我们在保护海草，希望儒艮来吃，但是人家不来了。"

## 海错图笔记的笔记·儒艮

◆ 现在很多媒体都说"儒艮就是人鱼的原型"，其实产生人鱼传说的地方（如欧洲）往往是没有儒艮分布的。这个说法其实是一种谣言。

◆ 儒艮生活在印度洋、西太平洋热带及亚热带的海域中，澳大利亚分布最多，中国是儒艮分布的北界，只在海南、广西、广东和台湾有零星分布。

◆ 1992年，广西合浦建立了儒艮国家级自然保护区。至2014年，保护区内已无儒艮的身影。

# 石首鱼、黄霉鱼

## 【全家抄斩，灭门九族】

◎ 《海错图》里的石首鱼，就是今天的大黄鱼。以前物美价廉的它，现在动辄几千元一条，现实的背后，是一段荒诞的故事。

本草謂石首乾鯗主消宿食開胃頭中石主下石淋磨服燒灰而可又謂野皃頭中有石指為石首魚所化愚按食品多重臘月之物以其性斂便于收藏獨石首春仲而來其性發散而乾鯗反有取于消食開胃妙用正在乎此知此則知陳久之益貴也但所産之方未必重而所重常在不産之處凡物類然頭中石至堅也反能下石淋者何哉不知石質雖堅而石性仍主消散或謂昌不竟用其鯗豈不可下而必用頭中之石乎曰此以石攻石之妙如伏苓之木可治筋　荔枝之核可消疝腫類皆彷彿近之至所論野皃頭中有石即謂石首所化不知蓊魚鱑魚頭中皆有小石恐不能盡化野皃也

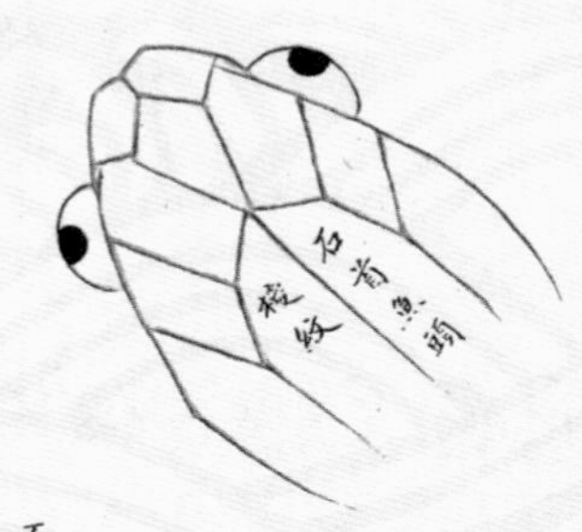

石首魚字彙一名鯼考註不解何以為鯼及唊是魚玩其頭骨如冰裂紋作梭紋交差狀同悟古人取字之意非泛然也

石首魚以其首有石也吾杭俗謂之江魚以其取于江也越人稱爲黄魚閩人呼爲黄瓜魚爾雅翼曰南人以爲鯗凡海魚皆可爲鯗而石首得專鯗名者他魚之鯗久則不美且或宜于此而不宜于彼惟石首之鯗到處珍重愈久愈妙故得專鯗名字彙鯗字註曰音想乾魚腊失鮮南人以爲鯗之説至於世俗别有鯗字字彙宜註曰俗同鯗但註曰同鱶及查鱶則又曰同鱶再查鱶字則音鴆解曰海魚似鰕義理雖深而世俗通用之鯗字反諱矣予故備舉而辨之

石首魚一名春來以其來自春也又名鯼魚爾雅翼曰鯼即石首合春來之意則江賦所謂鯼魚順時而往還是也予甞詢漁人以往來之故曰此魚多聚南海深水中水深二三十丈石首將放子無所依托是以春時必遊入内海傍岩岸淺處育之漁人俟其候捕取大約放子喜海濱有山泉處故閩之官井洋浙之楚門松門等處多聚焉每嵗交春發自海南而粤而閩至浙之温台寧紹蘇松則漸少矣交夏水熱則仍引退深洋故浙海漁户有夏至魚頭散之説然閩粤則四季皆有也

石首魚贊
海魚石首
流傳不朽
馳名中原
到處皆有

# 头中有石

要说《海错图》里最好的一幅画，那我选这幅《石首鱼》。一眼即知，这是照着实物写生而成，非常准确细致，而且画的是石首鱼科里最著名的大黄鱼（黄花鱼）。

“石首鱼，以其首有石也。”画旁的文字一语道出了石首鱼名字的由来。很多鱼的头部都有两块“矢耳石”，起到平衡身体的作用。石首鱼科的矢耳石特别发达，成了它们的标志。大黄鱼的矢耳石有小指甲盖大小。聂璜还特意画出了它们，并注明：“头中二石”。

20世纪70年代，福建宁德的小孩子会把大黄鱼的矢耳石收集起来，当成骰子玩。耳石有三个面，分别叫企、市、匍。每一面代表不同的点数。谁掷得大，就可以赢得对方的耳石。赢得多了，就卖给药铺，换钱买糖吃。

药铺收这个干吗？据说这矢耳石能治“石淋”，就是泌尿系统结石。聂璜对此进行了一番自问自答：“石首鱼的头中石这么硬，为什么反而能治结石？因为石性主消散。这叫以石攻石。”听着怪神乎的，具体真的假的，我也不清楚。

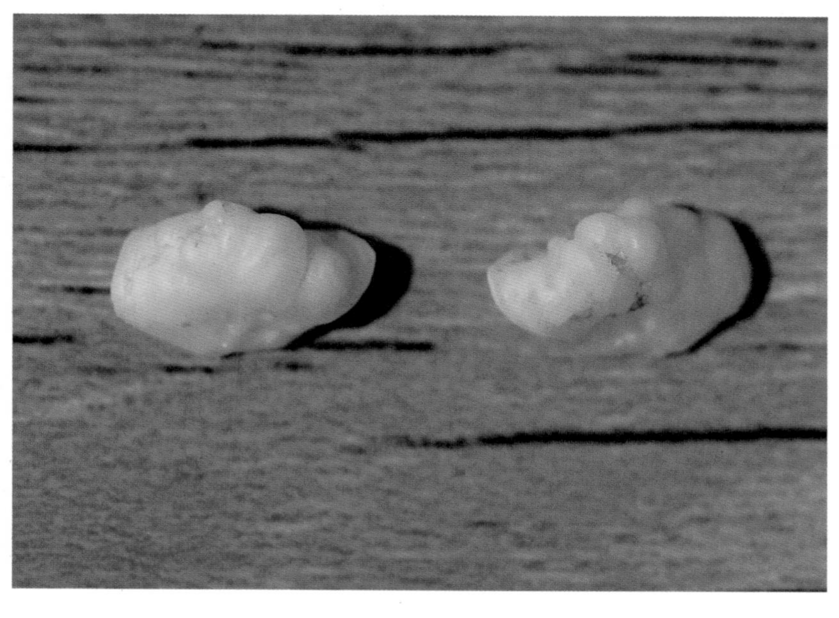

◀ 吃完一条大黄鱼，我找出它的矢耳石，按照《海错图》里的摆放方式给它们留了个影

◀ 大黄鱼是人人熟悉的家常海鱼

▶ 雪菜大黄鱼，宁波做法

## 海中名产

大黄鱼一直都是中国人相当爱吃的海鱼，它有一身“蒜瓣肉”，刺少味美。鲁菜的干烧黄鱼和宁波的雪菜大黄鱼都是名菜。鱼鳔制成黄鱼花胶，也是炖汤的好东西。

把大黄鱼做成鱼干，就叫黄鱼鲞（音xiǎng）。其他鱼也能做鲞，但《海错图》说：“他鱼之鲞，久则不美……惟石首之鲞，到处珍重，愈久愈妙。”于是黄鱼鲞得以成为鲞中之魁首。把鲞蒸熟下酒，或者炖肉，足以陶然自乐。

## 溜边儿产卵

《海错图》记载了大黄鱼的另一个别名“春来”，美得不像是鱼的名字。起这名是因为它的鱼汛在春天，“此鱼多聚南海深水中，水深二三十丈。石首将放子，无所依托，是以春时必游入内海，傍岩岸浅处育之，渔人俟其候捕取”。

这几句记述基本正确，但有个别错误。大黄鱼不只在南海有，黄海、东海也有。冬天时，它们会在远海越冬，到了春天就进入近海产卵，而且不是一般的近海，基本都快到岸边了。有句俗话：“这人是属黄花鱼的——溜边儿。”说的大概就是这个习性。

聂璜认为，这种在近岸产卵的行为，是为了让卵附着在海岩上，这样才不会“无所依托”。其实不然。大黄鱼的卵是漂浮性的，随海水浮沉，不会附着。选择近岸，是因为这里有淡水注入，浮游生物丰富，可以给幼鱼充足的食物。

其实聂璜也注意到了这一点。他说：“大约放子喜海滨有山泉处，故闽之官井洋，浙之楚门、松门等处多聚焉。”此言不虚，官井洋至今还是著名的大黄鱼产卵场，有白马河、霍童溪、北溪和杯溪注入，咸淡水交汇，小生物丰富。

◀ 渔民捞起人工养殖的大黄鱼。以前，这种场景是属于野生大黄鱼的

海中有一種黃霉魚形雖似石首
而不大四季皆有一二寸長即有
子蓋小種也大約亦石首晚生之
魚所傳種類閩人云黃霉不是黃
魚種帶柳不是帶魚兒似是而非
不知魚有晚生之種自成一家黃
霉帶柳皆其儔也
黃霉魚贊
黃霉種類
四季相續
頭大身細
二寸即育


◀ 《海错图》里还有一种“黄霉鱼”，它“似石首而不大，一二寸长即有子，头大身细”，应是今天的梅童鱼。梅童鱼类似小黄鱼，但头更大更圆。据说在梅雨季节数量最多，故以“霉”“梅”为名

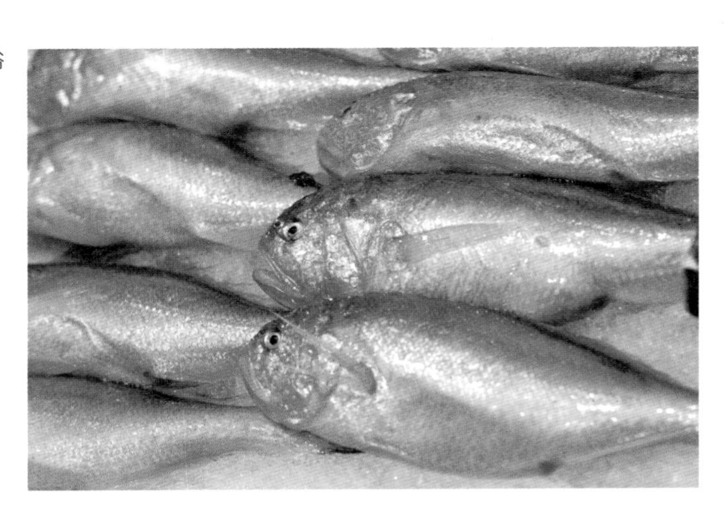

► 梅童鱼的脑袋很大，俗称“梅大头”

## 四海荡平

自古以来，渔民都是等大黄鱼来产卵时，用木船捞一捞。年年产量都很稳定，鱼也不受什么影响，因为鱼太多了。鱼汛来时，在岸上都能听见海中“咯咯咯”地响——那是无数大黄鱼用鱼鳔发出的求偶声。

明嘉靖年间，潮州人发明了一种“敲罟（音gǔ）”捕鱼法，就是船队围住鱼群，使劲敲击船舷上的木板。大黄鱼头内的矢耳石在巨响下共振，不论大鱼小鱼，一律被震晕浮上水面。用这种方法，渔获量会高出好几倍。

此秘法一直在小范围使用，但从1954年开始，陆续传入福建、浙江。当地渔民看到这么神奇的捕鱼术，纷纷效仿，上级领导也兴奋了，大力推广。光浙南地区的大黄鱼年产量就从5000吨蹿升到近10万吨，增加了20倍，其中幼鱼占70%。

学者发现这种捞法断子绝孙，赶紧呼吁禁止。但直到“文革”之后，敲罟才真正停止。这期间，捞上来的鱼太多，卖不出去，政府还号召大家买“爱国黄鱼”。幼鱼则堆起来腐烂，当作肥料。

有的渔民为了抢先，守在产卵场的入口捞。鱼还来不及产卵就被捞起，满肚子都是鱼子，本来都可以变成小鱼的。

还好，在产卵场饱受摧残后，大黄鱼能回到老窝——远海越冬场休养，那里没人干扰。但1974年，上千艘船追到了越冬场。这一年的“连锅端”成果喜人，大黄鱼产量比去年增加64.6%，成为我国渔业史上大黄鱼产量最高的一年。

之后，大黄鱼一蹶不振。20世纪50年代，人们抓到的都是长了五六年的鱼，甚至不乏快30岁的大鱼。一个成年人拎着鱼，尾巴可以擦着地。到了90年代，只有巴掌大的一岁鱼了。

## 英雄末路

中国的大黄鱼有三大地理种群：南黄海—东海的岱衢（音qú）族、台湾海峡—粤东的闽–粤东族、粤西的硇（音náo）洲族。今天，

▶ 2013年，浙江台州准备放流大海的人工养殖大黄鱼

硇洲族还有一定数量，闽–粤东族次之，而曾经最著名的“东海大黄鱼”——岱衢族大黄鱼，野生的基本没了。很多人都不信，以前家家户户吃的鱼，说没就没了？不信看看新闻，2011年，一条2斤的野生大黄鱼能卖到4000多元，这还是批发价，其稀少如此。大黄鱼已经被满门抄斩，彻底没了元气。

现在市场上倒还有很多便宜的大黄鱼，但都是养殖的。理论上，吃养殖鱼利于保护野生鱼。但经过多年近亲繁殖，养殖鱼发生了种质退化，肉质变差，生长变慢，个子变小。

今天的官井洋，也就是聂璜笔下的那个东海大黄鱼产卵场，已经密布养殖网箱。里面养着人工大黄鱼、鲍鱼、海参，就算有零星的野生大黄鱼来，也被网箱挡住，难以顺利产卵。科研人员精心培育了健壮的鱼苗，将其放回大海，期望增加野生队伍。但刚一放出，立即被渔民的定置网捞走。

各种保护大黄鱼的努力，都像泥牛入海，看不到回应。这让我想起《海错图》里那幅《石首鱼》的画旁，还有一首《石首鱼赞》：

海鱼石首，流传不朽。

驰名中原，到处皆有。

## 海错图笔记的笔记 · 大黄鱼

◆ 很多鱼头部的“矢耳石”可以起到平衡身体的作用。石首鱼科的矢耳石特别发达，大黄鱼的矢耳石有小指甲盖大小。

◆ 冬天时，大黄鱼会在远海越冬，到了春天就进入近海（几乎到岸边）产卵。近岸处因有淡水注入，浮游生物丰富，可以为幼鱼提供充足的食物。

# 河豚

## 【其状可怪，其毒莫加】

◎ 一道和死亡挂钩的美味，一个性如烈火的水族成员，一条既能入海也能溯河的鱼——河豚。

河豚賛

魚以豚名

甘而且旨

一臠可嘗

請君染指

本草河豚魚江海並有海中尤毒肝及子入口爛舌入腹爛腸灸之不可近鐺以物懸之昔人云不食河豚不知魚味其味爲魚中絶品然有大毒能殺人烹此者不但去肝目之精脊之血並宜去之洗宜極潔煮宜極熟尤忌見塵治不如法人中其毒以槐花末或龍腦水或橄欖湯皆可解也糞清尤妙張漢逸曰與荆芥等風藥相反服風藥而食之不治按食此者止知其毒害人而不知尤與風藥相反故并識之河豚豚字字彙作魨字言魚之如豚也

## 别名最多的鱼

在现代生物分类学里，每种生物都有一个唯一的标准名——拉丁文学名。

拉丁文是一种死文字，现在没有哪个民族用它进行日常交流，因此它的语义不会发展变化，最适合作为科学命名之用。有了拉丁文学名，分类学才算是有了统一的标准，步入了正轨。这之前的分类学，可以说是一团糨糊。

有这么严重吗？我们拿河豚举例吧。它在汉语里的称呼有：挺鲅、鯸鲐、鸡泡、嗔鱼、胡儿、规鱼……一共40多个名字，堪称别名最多的鱼之一。很难想象，如果没有拉丁文学名，各地科学家将怎样交流。

不过，别名多也有好处，蕴含了很多文化信息。我看了一下河豚的别名，发现主要可以分为三派。

一是“guī”派。今天两广、台湾称河豚为“guī鱼”，有人写作“乖鱼”“龟鱼”，都不对。它的源头是河豚最早的名字——鲑。先秦的《山海经》中第一次出现了它：“敦薨（音hōng）之水出焉……其中多赤鲑。”晋朝的郭璞注解道：“今名鯸鲐为鲑鱼，音圭。”而鯸鲐就是河豚。到了《尔雅·释鱼》里，鲑变成了同音的鲵：“鲵，今之河豚，一作鲑。”今天，鲑改指大马哈鱼，鲵继续指河豚，但仅存读音，字因太生僻而被遗忘，多被写成“规”“乖”。

二是“hóu yí”派。这个发音有多种写法，除了上文的鯸鲐外，还有鯸鮧、鹕夷，《海错图》里则写作鯸鲐（鲐，今音读tái，但在古代指河豚时，读yí）。有人认为，“hóu yí”的本字为“胡夷”，意为河豚像胡人、夷人一样丑陋。我并不认同。一来这说法无凭无据，二来河豚眼小、嘴小，并不像高鼻深目的胡人，反而像个肥胖的汉人。

▲ 清代汪绂图本《山海经》里的赤鲑图，以河豚为原型绘制

三是“hé tún”派，也是我们最熟悉的说法，写作河豚或河鲀。这两个名字在今天经常混用，而且很多人以为河鲀才是正确的，其实不然。这个词的本义就是“河里的像猪一样的鱼”，所以河豚当为本字，“鲀”只是后期生造出来的字。明代字典《正字通》写道：“鲀，本作豚，鲀为俗增也。”但当代科学界选择了“鲀”作为河豚类的标准名称，这就造成了混乱。

2003年，全国河豚鱼安全利用研究协作组做出了规定：在使用泛

黄鳍东方鲀

暗纹东方鲀

红鳍东方鲀

▲ 三种典型的东方鲀

指的“河豚”一词时，用“豚”字，而具体到某一种河豚时，则用“鲀”字，如“红鳍东方鲀”“黄鳍东方鲀”。《现代汉语词典》中，也只有“河豚”词条，无“河鲀”。

但是又有新问题了。白鳘豚所属的淡水鲸豚类，也叫“河豚”，如亚河豚、恒河豚等。鱼和哺乳动物撞名了。真麻烦，让科学家和语言学家打架去吧，咱们不管这事儿了。

## 两种河豚

聂璜在《海错图》里画了一大一小两条河豚。除了给每一条的嘴上凭空添了两条须子，画得还是挺像的，能一眼看出是东方鲀属。一般意义上的河豚，都是这个属的。

大个儿那条，背上有很多虎纹，横纹东方鲀、双斑东方鲀等几个种类都有这个特征。聂璜注解：“河豚之背有纹，如老人肌肤，故老人曰‘鲐背’。”他为了让河豚花纹更像老人的皱纹，还擅自加工，把纹路画得特别细密。

其实真实的河豚纹路是很粗的，并不像老人的皱纹，而且只有少

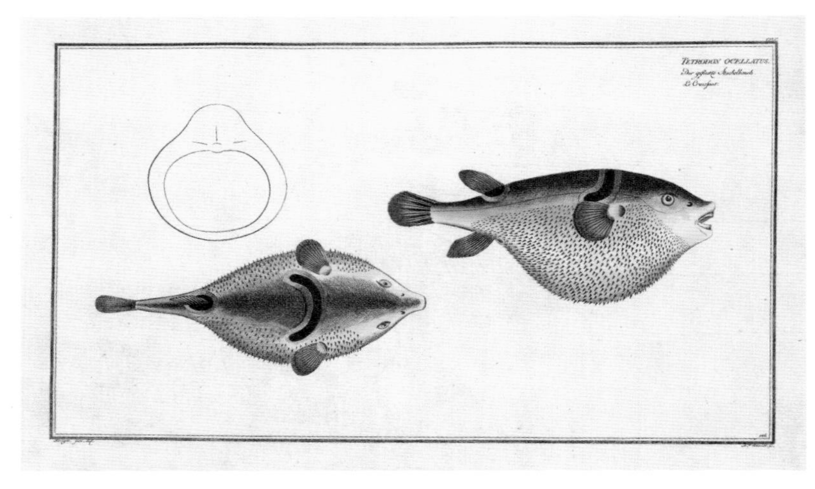


▲ 西方博物学手绘里的弓斑东方鲀

数几种河豚会长这种纹。聂璜在这里会错意了，古代确实有把老人称作“鲐背”或“鲐”的说法，但这里的“鲐”指的是鲭（音qīng）鱼。鲭鱼的后背普遍有虎纹，正似皱纹。

小个儿那条河豚，后背没有虎纹了，换成了一个彩色的大晕圈。这条鱼不是那条大河豚的孩子，而是另一种河豚。聂璜详述了它的外形：

“河豚鱼色有数种，有灰色而斑者，有黄色而斑者，有绿色而斑者。独五色成章而圆晕者为最丽。其色内一块圆绿，外绕红边，红外则白，白外则一大晕蓝，深翠可爱，蓝外则又绕以红，而后及本色焉。海人取其大者，剔肉取皮，用绷弦鼓，色甚华藻，而音亦清亮。不识者疑以为绘，而不知实出本色也。”

► 鲭鱼（鲐）后背的花纹酷似老人的皱纹，所以老人的别称是“鲐背”

美则美矣，但问题是，现实中没有长成这样的河豚。唯一沾边儿的是“弓斑东方鲀”，它背上有个杠铃状斑和一个圆形斑，内里是黑色，镶边是橙红色。聂璜可能没见过真鱼，而只是轻信了鱼皮鼓拥有者的一面之词。也许，这就是一张后期加过色彩的皮子。

## 地狱之吻

画中还有一个很棒的细节：河豚的嘴里，上下各有两颗大板牙。

这显示了河豚的分类地位。河豚属于鲀科，这个科又名“四齿鲀科”，特点就是上、下颌分别愈合成两个喙状齿板，每块板都有一条中央缝，看上去就像四颗牙一样。

鲀科鱼性情残暴，其唯一的武器就是这副牙口。观赏鱼界把几种淡水鲀称为“狗头”，养“狗头”时，最好缸里只有它一条鱼，否则就会出鱼命。

我一直纳闷，鲀的嘴那么小，能造成多大伤害？直到一次在朋友家里看他投喂“狗头”，才算明白。一条小红鲫鱼扔进去，鲀冲上去叼住，然后使劲把一大块鱼身嘬进口腔，再用力一咬，小半条鱼没了。三四口之后，整条鱼就进了它的肚子。

▲ 鲀科鱼的吻部有四个齿状结构

▼ 把勺子放在河豚嘴边，立刻被咬住。若是换成手指，一块肉可能就没有了

▲ 2016年6月8日，辽宁丹东渔业局准备把50万尾红鳍东方鲀幼体放流大海。离水的小河豚纷纷鼓成了球

## 怒大伤肝

河豚有毒，世人皆知。就东方鲀属来说，古人早就发现，它的毒性并不是遍及全身，而是集中在肝、卵、眼睛等处。去掉这些地方，就可以安全食用。

聂璜对个中缘由进行了推测。他观察到，河豚受惊会胀大肚子，看上去很生气。他又听医家说："人之怒气多从肝起，而肝又与目通。"所以他认为，易怒的河豚，戾气会积攒在肝和眼睛，日久便成剧毒。只要挖弃肝和目，就"从此怒根上打发得洁净，毒自去矣"。

听上去很合理的逻辑链，从一开始就错了。河豚膨大成球，并不是发怒，而是求生。它吞下大量水或空气，让身体显得更大，同时让天敌无从下口。

河豚毒素也不是戾气化成的，甚至不是河豚自己分泌出来的，而是来自海洋中的有毒细菌。这些细菌被其他生物取食，再一级一级通过食物链进入河豚体内，富集在内脏、眼睛、皮肤中。河豚自己不会中毒，而人类吃到后，就要倒霉了。

# 与毒作战

河豚毒素是世界上最强的毒素之一，比氰化钠还要毒1250倍。聂璜照抄《本草拾遗》的原话，说此毒“入口烂舌，入腹烂肠”，我看这是喝浓硫酸的症状。河豚毒素是神经毒，怎么可能走这种廉价恐怖片风格？中了河豚毒，你不会腐烂，连疼都不会疼，而是会感到麻木。嘴麻，手脚麻，睁不开眼，咽不下口水，呼吸都无力完成，最后在彻底的无力感中结束生命。

一旦中毒，如何解毒？除了龙脑水、橄榄汤、芦根汁这些虚头巴脑的方子，聂璜还记了一句：“粪清尤妙。”

粪清，就是把空坛子堵上口，塞进粪池子里，一年半载后挖出来，里面积攒的黑色汁液，或是用棉纸过滤粪便得到的清汁。说白了，就是屎汤子。在我看来，此方甚灵。它的作用不是解毒，而是催吐。谁喝了那玩意儿都要吐，这一吐，就等于洗胃了。现代医学在救治河豚中毒患者时，第一件事也是催吐。对于这种奇毒，与其试图“解”它，不如把它吐出来更实际。

▼ 河豚厨师是高技术工种，不但要把有毒部位除净，还要求鱼肉上不能有一点儿血丝

清代《子不语》里有个小故事，叫《误尝粪》，说六个人一起吃河豚，一人突然倒地，口吐白沫。其他五人吓得“速购粪清”，各饮一杯。良久，倒地者苏醒，告诉大家：“小弟向有羊儿疯之疾，不时举发，非中河豚毒也。”于是“五人深悔无故而尝粪，且嗽且呕，狂笑不止”。这个故事到了《三侠五义》里，发展得更详尽了。变成一位太师宴请宾客，有一人外出小解，回来后发现河豚肉被抢光了，急火攻心犯了癫痫。众人以为河豚有毒，速取粪清。有拍马屁者“上前先拿了一碗，奉与太师”，剩下的人按照官级大小，依次饮用。

吃河豚到了这份儿上，还吃个什么劲儿！

要说最灵的一道方子，还得数《本草纲目》里的这句：“河豚有大毒……厚生者宜远之。”翻译成白话就是：珍爱生命，远离河豚。

# 禁与解禁

2016年5月，我去辽宁丹东的一处海鲜批发市场采访。几位男子正在往车上装鱼，走近一看，是养殖的红鳍东方鲀。我举起相机刚拍了一张，有位大哥就警觉地停止了装卸，用下巴指着我："你拍什么？"

陪我逛市场的当地小伙儿崔子赶紧拉我走开，对我说："他们这些都是违法的，看看就行了，别拍。"

1990年，中国政府颁布《水产品卫生管理办法》，明文规定："河豚鱼有剧毒，不得流入市场。"从那时起，任何河豚，不管是野生的还是养殖的，生的还是熟的，一律禁止在国内售卖。要卖，只能出口。

国内的养殖河豚其实发展得相当成熟，早就培育出了无毒河豚。前面说过，河豚的毒来自食物，只要投喂无毒的饲料、提供无毒的水源，就能培育出无毒的河豚。有些大养殖场害怕残存的毒性遗传给后代，还特意繁殖了好几代，保证祖先的毒性已完全去除。

这样好的河豚，绝大多数是卖给日本、韩国的。日韩两国商人一看，既然你只能卖给我，好，那我就付你一丁点儿的收购价，爱卖不卖。养殖户没办法，只能低价出口，吃哑巴亏。

还有一条路，就是暗地在国内销售。这就形成了一个可笑的局面：政府发布禁令，本是为了更少人中毒，但现实中，禁令没有拦住河豚，反而使国内的河豚来源无人监管，厨师也得不到正规培训，食客的中毒风险更大。

► 江苏的扬中，是暗纹东方鲀养殖的基地。当地政府建起了一个金色的河豚塑像以吸引游客

◄ 大阪的河豚料理店，挂出巨型的河豚灯笼。大阪是日本河豚料理的大本营

► 春帆楼是《马关条约》签订之地，也是日本河豚最初解禁的地方。原楼已经在1945年被美军炸毁，现在建起了一座水泥结构的“日清讲和纪念馆”，还原了当时谈判的场景。作为餐馆的春帆楼也在旁边重张开业，依然是日本最著名的河豚料理店

在我“丹东偷拍事件”4个多月后，水产界出了个大新闻：政府解禁河豚了。但不是完全解禁，有很多附加条件。

第一，只涉及养殖的红鳍东方鲀和暗纹东方鲀，这两种河豚的养殖技术最成熟，可以做到无毒。有的养殖户敢向客户承诺：“我养我捞，您煮我吃。”至于野生河豚和其他种类的养殖河豚，依然不得售卖。第二，这两种河豚必须经过加工才能卖，比如做成鱼柳、饺子。生鲜的整鱼还是不能卖。第三，河豚的养殖场和加工厂必须经过政府考核备案。

业界的反应是，解禁是好事，但手脚应该再放开些。比如日本，曾经也禁过河豚，而且比中国还严，谁吃了就要抄家坐牢。1888年，日本明治维新的重要人物伊藤博文在马关的一家饭馆“春帆楼”吃到了河豚，惊艳无比，立刻解除了当地的河豚禁令。

后来，日本科学家潜心研究河豚毒素，政府制定了一套严格的规范，从养殖到上桌，层层把控，厨师要经过专门的考试，取得河豚烹饪资格证，才能烹饪河豚。日本最终在全国解禁了河豚。直面问题而不逃避的结果，是业者挣钱，食者放心，还让河豚成了日本料理的一个招牌。

初食河豚7年后，伊藤博文又一次回到了春帆楼，以甲午战争的发起者和胜利者的身份，与坐在对面的李鸿章签订了《马关条约》。也许在伊藤博文眼里，大清国就是一条待宰的河豚，看似可畏，但只要找对方法，就能吃掉它。

# 不值那一死

迄今为止，我吃过两次河豚。

第一次是在一个叫“小纪”的镇子上。当时我在南京上大学，“十一”长假时，有个同学说他爸爸要带他去扬州玩，问我去不去。这种免费的好事，当然要答应了。

见了他爸，才发现信息有误。他们不是去扬州市区，而是要去郊区的小纪镇躲清闲。于是我就在村子里过了几天钓鱼、逗狗、“检阅”庄稼的生活。

其中一项重头戏，就是吃河豚。我们来到镇上的一家挺像样儿的饭馆。当时河豚还未解禁，饭馆老板和我同学他爸认识，我们才得享此味。

端上来一看，是红烧做法。河豚肉看着不像鱼肉，很大块，表面还有一层厚厚的皮，要是不说，我会把它当成鸡肉。同学他爸吃了一块，我们盯着他，过了一会儿他说：“没死，吃吧。”

夹一块放在嘴里，口感像鳜鱼脸蛋肉，很瓷实。印象最深的，是鱼皮里面埋着小刺鳞，咬起来咯吱作响，像掺了沙子。这让我颇为失望，不是鱼中极品吗？怎么还硌牙呢？

第二次吃，是在日本。2015年的一个假期，我和妻子在日本玩了几天，最终来到东京。离开前的最后一顿晚饭，我们打算扔掉攻略，跟随自己的心灵，看哪家餐厅顺眼就进去。

在歌舞伎町溜达着，右手边出现了一个小门，画着一条河豚。我们走了进去。

玻璃缸里，几条红鳍东方鲀无辜地游动着。我们点了个套餐，菜接连着上来了。第一道是纸火锅，配上剥了皮、斩成块的带骨肉，其中一块是河豚头，嘴还在微微颤抖。第二道是切成薄片的刺身，第三道是炸河豚。

挨着个儿地吃。这次没有鱼皮，不硌牙了，但除了没腥味、刺不多，也没吃出啥好来。倒是一杯“河豚鳍酒”让我很满意：两片烤焦的河豚鳍，泡在烫的清酒里，揭开杯盖，焦香和酒香蒸腾出来，令人迷醉。

▲ 一桌标准的日式河豚宴。近处是一大盘河豚刺身，要薄到透出下面盘子的颜色。中间是河豚炸物和河豚鳍酒，远处是河豚锅物

两次吃河豚，都没体会到《海错图》里那“不食河豚，不知鱼味”的境界，更不能认同苏轼品河豚后“值那一死”的评语。我觉得，河豚的美味，有一半要归功于它的危险。在平地上翻个跟头，不

▲ 中式红烧河豚。带皮的河豚看上去就像鸡肉或烤鸭

▼ 河豚鳍风干烘烤后，可以做成河豚鳍酒

会有任何感觉。但在摩天大楼楼顶的围墙上翻跟头，你就会血脉偾张、浑身酥软。

古人吃河豚，那是“极限运动”。精神高度紧张，味觉异常敏感，自然会感到鲜美异常。今人吃河豚，还没吃就知道很安全，不管多用心品味，也是刻意的，毫无用处。这是健康的喜报，也是味蕾的悲歌。

## 海错图笔记的笔记·河豚

◆ 河豚属于鲀科，又名“四齿鲀科”，特点是上、下颌分别愈合成两个喙状齿板，每块板都有一条中央缝，看上去像四颗牙。

◆ 河豚受惊时会吞下大量水或空气，使身体膨大，让天敌无从下口。

◆ 河豚毒素来自海洋中的有毒细菌。这些细菌被其他生物取食，再一级一级通过食物链进入河豚体内，富集在内脏、眼睛、皮肤中。

# 墨鱼、鸔乌化墨鱼

## 【一肚好墨，送海龙王】

◎ 墨鱼就是乌贼，是我们再熟悉不过的海鲜。可要问它为什么叫乌贼，八成你会卡壳。关于乌贼，还有很多类似的知识点被我们忽视。

傳為秦始皇所遺筭袋於海而變合之荷包蛇而覩之真令人想易象於括囊也予訪之海上見墨魚生子纍纍如貫珠而皆黑奇之又見有小烏賊其形如指益圖之以參論陶隱居鸔烏所化之說以見化生之中又有卵生也

墨魚贊

一肚好墨真大國香

可惜無用送海龍王

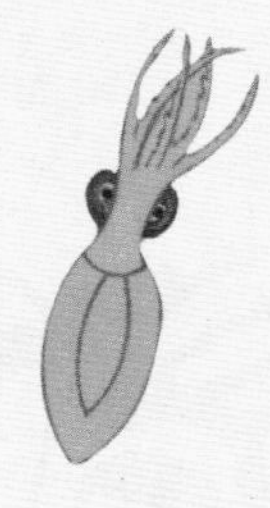

小墨魚

名墨斗

此墨魚背骨即

海螵蛸是也

此墨魚之嘴

堅黑如烏啄

縮于鬚內不

可見

墨魚土名也閩志稱烏鰂字彙亦作鰞鰂浙東及閩廣皆產本草獨稱雷州烏賊魚何其隘也稱其肉能益氣強志骨末和蜜療人目中翳云性嗜烏每浮水上偽死烏啄其鬚反捲而入水以啖言為烏之賊也陶隱居云此是鷃烏所化今其口角尚存相似予故圖存其喙及骨以俟辨者南越志稱烏賊有碇遇風便虬前虬下碇令兩長鬚果如纜繩詢之漁人僉曰風波急果皆以鬚粘於石上張漢逸曰繞唇肉帶八小條似足非足似髯非髯並有細孔能吸粘諸物口藏鬚中類烏喙甚堅脊骨如梭而輕每多飄散海上故名海螵蛸腹藏墨烟遇大魚及網罟則噴墨以自匿魚欲食者每為墨烟所迷漁人反因其墨而踪跡得之及入網猶噴墨不止冀以倖脫故墨魚在水身白及入網而售於市則其體常黑矣鮮烹性寒不宜人醃乾呉人稱為螟蜅味如鰒魚愚謂然則本草所云益氣壯志非指鮮物也必指螟蜅乾也漢逸是之復曰海外更有一種大者重數觔背有花紋剖而乾之名曰花脂其味香美更勝烏賊予恨不及見不復再為圖論也考類書云烏賊之形似囊

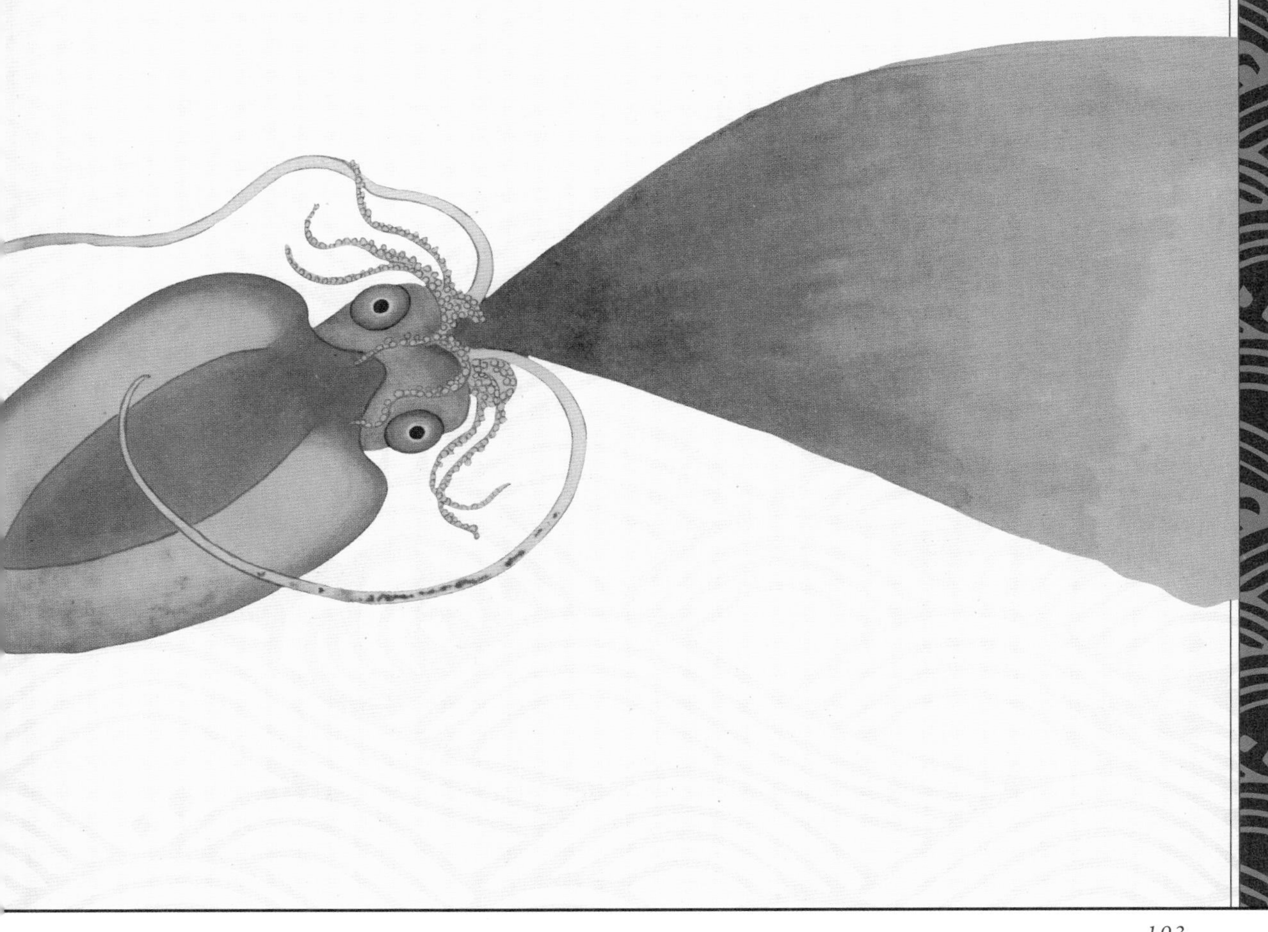

► 鱼档里的虎斑乌贼。这是南海最常见的一种乌贼

## 偷乌鸦的贼？

“墨鱼，土名也。”聂璜丝毫不掩饰他对这个名字的鄙视。的确，不管是古代还是现代，“墨鱼”都是不正规的民间俗称。它的正式名称是“乌贼”，属于头足纲，乌贼目。

为什么叫乌贼呢？《尔雅翼》《南越志》等古籍中有一种解释：乌贼会浮在水面装死，吸引爱吃尸体的乌鸦来啄食。乌鸦刚一落，乌贼就会用“须子”抱住乌鸦，拖入水中食之。于是人们就称这种动物为“偷乌鸦的贼”，简称乌贼。

这故事过于离谱，就连《尔雅翼》的作者都觉得“似无是理也”。其实再查查史料就会发现，是先有“乌贼”一名，后人再编了个偷袭乌鸦的故事附会上去的。既然如此，我们就要重新找寻“乌贼”一名的来历了。

其实“乌”字很好理解，乌贼会喷墨汁嘛。那“贼”字又从何而来呢？翻开中国的第一本字典——汉代的《说文解字》，你会发现，乌贼是写作“乌鲗”的。也就是说，这个动物最早是叫“乌鲗”，后来由于古音里“鲗”和“贼”同音，才慢慢被写成了“乌贼”。

## 八短二长

乌贼嘴边有十条“须子”，八条较短，两条特别长。关于这八条短须，《海错图》有描述：“绕唇肉带八小条，似足非足，似髯非髯，并有细孔，能吸粘诸物。”看似是足，但足怎么会长在头上？看似胡子，可胡子怎么是肉质的？现代科学干脆单给这些须子起了个名字——腕，省去纠缠。

另外两根特长的须子，则叫“触腕”。它们有什么特殊用处吗？聂璜想起《南越志》里讲过，乌贼遇风浪，便会用它的须子“下碇”。碇就是拴船的石头，下碇就是把船拴在岸边的石头上，或者把拴着缆绳的石头扔进海里让船停住，类似抛锚。聂璜一看，乌贼的这两根长须很像缆绳啊，是否就是“下碇”用的呢？他询问渔人，得到回复：“风浪大的时候，乌贼确实会用须子黏在石头上，保持稳定。”

乌贼真有这种行为吗？实际上，遇到大浪时，它一般会潜到深水躲避，用不着抱着石头。可万一它来不及下潜，会不会就近抱住一块呢？不得而知。但有一点是肯定的：那两根特长的触腕，主要功能不是用来抱石，而是捕猎。乌贼看到小猎物后，会突然射出触腕，抓住后拖回嘴边，其他的八条腕再一起帮忙，将猎物控制住。

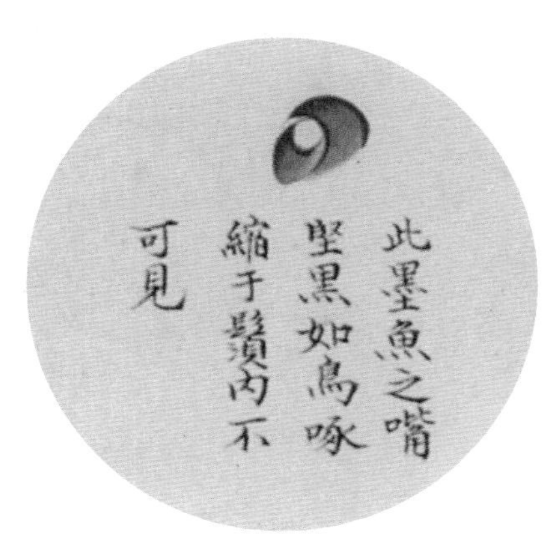


▲《海错图》中画的乌贼嘴

▼ 真实的乌贼嘴

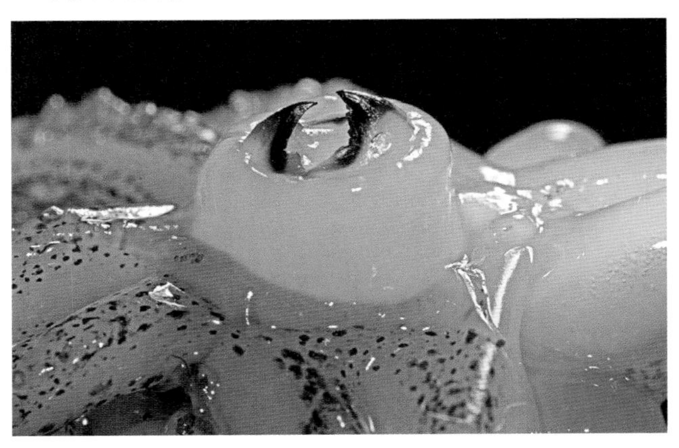

## 口似鸟嘴，非是鸟化

在乌贼旁边，聂璜还画了一个鹦鹉嘴一样的东西，旁有注释："此墨鱼之嘴，坚黑如鸟啄，缩于须内不可见。"这就是乌贼的嘴，更准确地说，是"角质颚"。

这角质颚看上去和鸟喙极像。古人据此又开始联想了，说乌贼是由一种叫"鵵（音bǔ）乌"的水鸟变成的。据说这种鸟后背绿色，腹翅紫白色，似雁而较大。有人考证为凤头麦鸡。但凤头麦鸡明明比雁小啊……不管了，反正是某种鸟。传说鵵乌入水就化为乌贼，乌贼嘴和鸟喙这么像就是证明嘛。

但是聂璜有疑问了。他可是亲眼见过乌贼的卵和刚孵化的小乌贼，还画下了它的样子，在旁注明："小墨鱼，名'墨斗'。"如果乌贼是鸟变的，那就不该有卵啊。而且渔民告诉聂璜，乌贼三四月来近海产卵，五六月小乌贼孵化，和大乌贼一起回到远海，秋冬就捞不到了，全程都没有"鵵乌"出镜，所以聂璜觉得"鵵乌化乌贼"的说法不太可信。

当然不可信了。乌贼嘴是为了咬住光滑的鱼、嚼碎坚硬的虾蟹才长成这样的，和鸟喙相似只是巧合。

▲ 凤头麦鸡是常见的水鸟，有人认为它就是传说中能变成乌贼的"鵵乌"

► 墨斗本是古代木匠画直线用的工具，里面能装墨。小乌贼和墨斗大小相似，肚内又都有墨，所以用"墨斗"来称呼它

◄ 《海错图》里的《鵵乌化墨鱼》图

▲ 被冲上岸的墨鱼骨

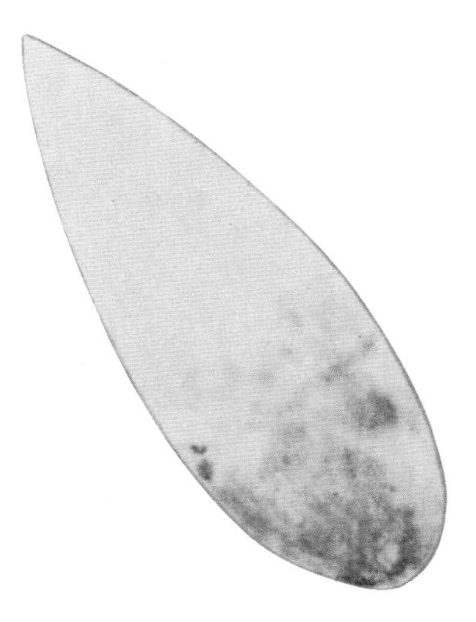

▲ 《海错图》里的《墨鱼骨》图

► 乌贼科有三个属，根据内壳的形状就能区分它们

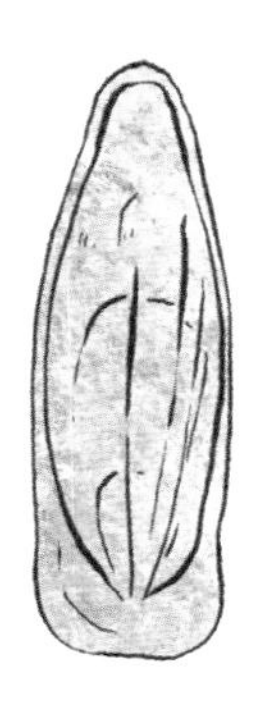

无针乌贼属

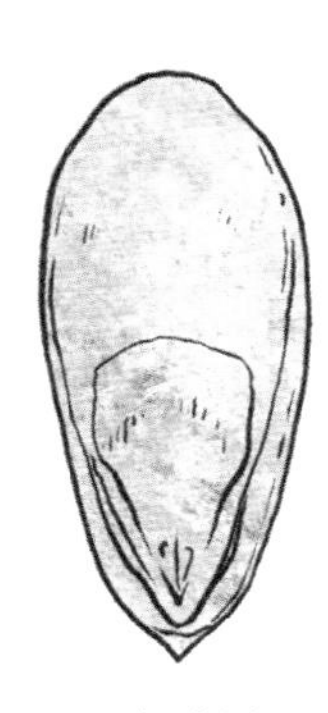

乌贼属

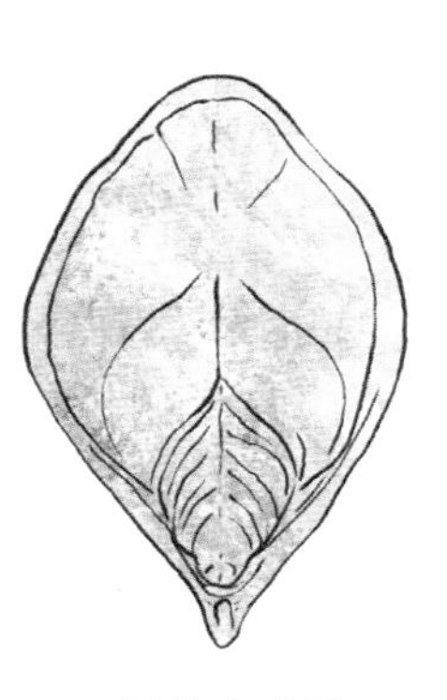

异针乌贼属

## 壳藏肉中

在乌贼嘴旁，聂璜又画了个白色水滴状物体，注曰：“此墨鱼背骨，即海螵蛸（音piāo xiāo）是也。”这块“背骨”埋在乌贼后背的肉里，中文科学名字是“内壳”。

在远古时代，乌贼的祖先有海螺一样的外壳，只露出脑袋。但是背着外壳，实在行动不便，所以壳慢慢缩小，演化到乌贼这里，已经变成水滴状，藏在体内，不承担保护身体的作用了。

但是内壳也不是完全没用。第一，它能支撑身体，保持身体形状。第二，它有无数微小的气室，乌贼向气室里充水排水，就能上浮和下沉。

拿起一块内壳观察，你会发现上面有年轮一样的生长纹。乌贼刚孵化时，大概有10层生长纹。随着乌贼长大，内壳也一层一层地长，每长一层，就叠加一层小气室。热带的乌贼一天长一层纹，温带的乌贼几天长一层，很有规律。数数生长纹，就能估算乌贼的年龄。

乌贼死后尸体分解，只剩内壳。别看壳挺厚，但充满气室，非常轻，正如《海错图》里所说：“背骨轻浮……往往浮出海上。”浮在海面的内壳，常被冲上沙滩。去海边玩时，很容易就能捡到一块。看上去光洁坚硬，用指甲轻轻一划，竟是一道印，质地相当疏松。中医里，把乌贼内壳称为“海螵蛸”或“乌贼骨”。如果你家养着鹦鹉或仓鼠，可以去药铺买一块海螵蛸，放在笼子里让它们啃，既能磨牙磨喙，又能补钙。

▲ 对虎皮鹦鹉来说，啃啃墨鱼骨，既能补钙，又是一种消遣

▼ 在电子显微镜下，墨鱼骨一层一层的气室结构清晰可见

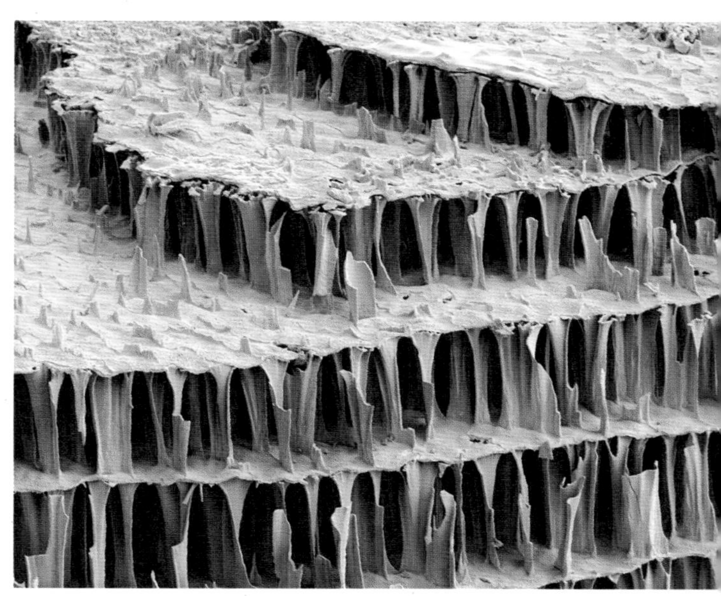

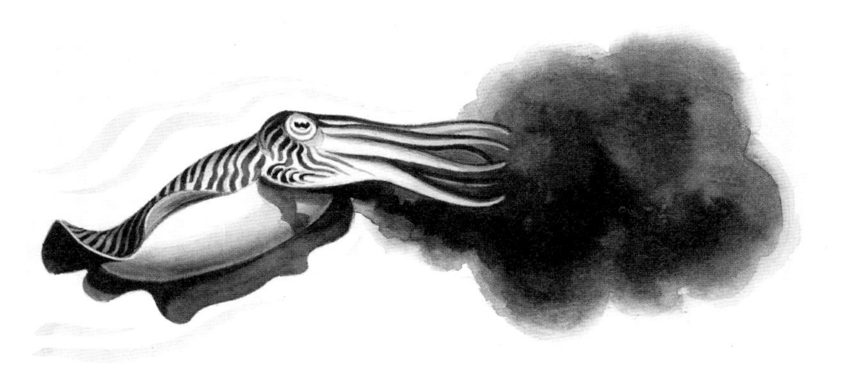

▲ 乌贼在水下喷墨的场景

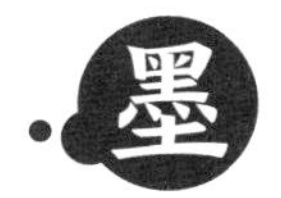


## 汁虽好，保质不长

乌贼最招牌的本领当然是喷墨了。《海错图》里说乌贼“腹藏墨烟，遇大鱼及网罟则喷墨以自匿”。乌贼体内有个墨囊，一旦遇到危险就喷出墨汁，在水下形成一团黑雾，挡住敌人视线，趁机逃走。

被捞进网里后，乌贼还会徒劳地喷墨，试图迷惑“网”这个天敌，但是没用了。聂璜说，这就是为什么“墨鱼在水身白，及入网而售于市则体常黑矣”。

当时民间还有一种说法：乌贼的墨喷出去后，还能再吸回体内。聂璜认为有道理，因为“乌贼微躯，怀墨有限，苟能吐不能收，安得几许松烟为大海做墨池乎？”其实他也不想想，乌贼喷墨是为了掩护自己逃走，如果喷完了再待在原地吸回去，那还有什么意义？乌贼的墨汁是源源不断产生的，喷完了过段时间，墨囊又会装满墨，不用替它操心。

说了半天墨汁，其实乌贼的墨和写字的墨还是有本质区别的。写字的墨，主要成分是碳，它非常稳定，所以写出的字几千年都不褪色。而乌贼墨由黑色素、氨基酸、黏液组成，非常容易变质。《尔雅翼》记载，心术不正的人会偷偷用乌贼墨来写借条，一年后，墨迹就会分解消失，只剩白纸，这时就可以赖账不还钱了。

这么纯天然的墨，却不能用来写字，聂璜遗憾地为此写了首《墨鱼赞》：

一肚好墨，真大国香。

可惜无用，送海龙王。

## 鲜食可口，干制宜人

聂璜认为，新鲜的乌贼吃下去“性寒，不宜人”，最好腌成干。墨鱼干被吴人称为“螟蜅（音míng pú）”，吃起来“味如鳆（音fù）鱼”。鳆鱼就是鲍鱼，那可是相当好吃了。

中国人经常选用“日本无针乌贼”（曾用名“曼氏无针乌贼”）来制作墨鱼干。叫“无针”，是因为这种乌贼的内壳末端缺少一个骨针。它身体末端有个腺孔，活着时总流出褐色分泌物，所以俗名臭屁股、疴血乌贼。成年的日本无针乌贼肉比较硬，不适合鲜食，还是晒成干比较好。

金乌贼、虎斑乌贼、拟目乌贼也是中国海域常见的种类，它们较多用来鲜食。沿海菜市场水槽里游动的活乌贼，通常就是这三种。切条炒炒，或者打碎做成墨鱼丸、墨鱼滑都可以。如果买到雌乌贼，还能剖出另一福利：乌鱼蛋（缠卵腺），做汤最鲜。

和大个儿乌贼相比，幼年乌贼——墨鱼仔更受欢迎。它体壁薄，口感更嫩，酱烧、涮锅、炒韭菜，甚至做成冒菜，轻松胜任各种烹饪。

日本人吃乌贼，刺身是永远少不了的选项。把外皮扒掉，里面的白肉切花刀，略过一下热水，做成握寿司。不过很多日本人觉得，做

▶ 晒墨鱼干

◀ 福建市场上，摊主把乌贼的缠卵腺——乌鱼蛋单独剖出来售卖

▶ 我去青岛的书店办《海错图笔记》第一册的讲座后，书店的人请我吃了墨鱼饺子。皮里有墨鱼汁，馅里有墨鱼肉

成一夜干（腌制风干一晚上）似乎更好吃一点儿。

乌贼的墨囊别扔，里面的墨汁也能吃！虽然有点儿毒（用来麻痹天敌），但做熟了就没毒了。山东人把它和进面里，包成漆黑的墨鱼饺子，反而看了食欲大开。意大利人也用它和面，做成黑色面条。再提供一个菜谱：把白萝卜丝和碎乌贼肉调调味，加入乌贼墨汁快炒出锅。全家的筷子伸向这盘黑乎乎的菜，翻着眼珠咂摸咂摸，再互相看看对方的大黑嘴，餐桌上顿时热闹了起来。

## 海错图笔记的笔记·乌贼

◆ 乌贼属于头足纲乌贼目。它有八短二长共十条腕。捕猎时，乌贼用两条长的触腕抓住猎物，其他八条腕协助控制猎物。

◆ 乌贼的角质颚（嘴）与鸟喙相似，可以咬住光滑的鱼、嚼碎虾蟹坚硬的外壳。

◆ 乌贼的内壳可以支撑其“柔软”的身体以保持形状，而且因其有许多微小的气室，可以帮助乌贼上浮和下沉。

◆ 乌贼体内有墨囊，遇到危险时会喷墨。但这种墨汁由黑色素、氨基酸、黏液组成，如果用来写字，墨迹会逐渐分解消失。

# 鲥鱼

## 【机不可失，鲥不再来】

◎ 有一种鱼，每年应时而来，每一次到来，都会引出一段风波。

鰣魚江寧志中與鱘魚並載杭州志中與簕魚並載廣州謂之三鯬之魚福與漳泉亦有鰣魚閩志亦載産江浙者取於江味羡産閩者取於海味差劣閩中亦不重鰣者時也江東四月有之而閩海則夏秋冬亦有彙苑云此魚鱗白如銀多骨而速腐是以醉鰣魚欲久藏始醃浸時投鹽必重亦謂之箭魚以其腹下刺如矢鏃

鰣魚賛

棄骨取腴魚中罕匹
四月江南時哉勿失

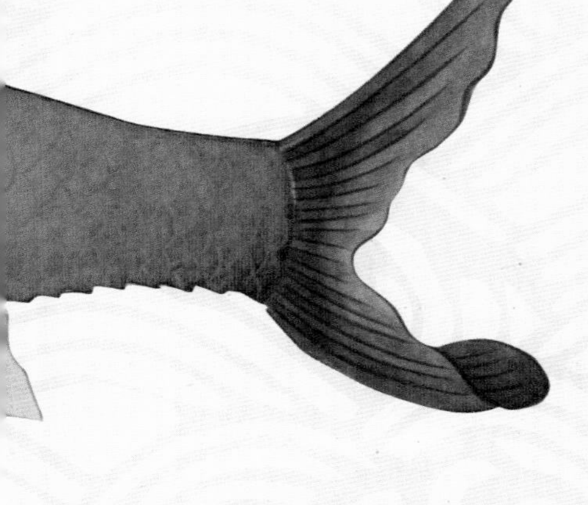

## 腹下有箭

鲥（音shí）鱼，是大名鼎鼎的“长江三鲜”之一，无数人心中的梦幻之鱼。

但它若摆在你面前，不告诉你是鲥鱼，你可能都不会正眼瞧它，因为它长相太路人了。体形毫无特点，体色也仅是“鳞白如银”而已。

这种路人脸，是它所在的鲱科鱼的共同样貌。鲱科的鳞容易脱落，腹鳍在腹位，没有侧线。这些特征表明，它们是硬骨鱼里比较原始的类群。然而这些特点都很隐蔽，在外行人眼里，它们就是一群毫无特点的鱼。

聂璜一定观察过鲥鱼的实物，因为他画出了两个更为细微的特征：（1）腹下有一排锯齿状的刺，并配文“亦谓之‘箭鱼’，以其腹下刺如矢镞”。这排刺在科学上叫“大型而锐利的棱鳞”。（2）他特意用绿色勾勒鱼鳞，说明他参考的应该是一条鲜活的鱼。因为活体鲥鱼是泛着蓝绿色的光泽的，但死后不久，光泽就会褪去。

## 鲥者时也

既然见到了鲜活鲥鱼，聂璜怎么也得大吃一顿，赞美一番吧？可是他为鲥鱼写的配文意外得少，没什么兴致的样子。

从这寥寥数行中，大概能猜出原因。聂璜常年住在福建，他吃了福建海里的鲥鱼，不太满意：“（鲥鱼）产江浙者，取于江，味美。产闽者，取于海，味差劣。”所以福建人并不看重它。

鲥鱼美味与否，是严格与时令捆绑的。“鲥者，时也”，鲥鱼正是因其极强的时令性而得名。它虽是“江鲜”，实际上大部分时间在海里待着。农历四月，开始洄游，进入淡水，这时才变得肥美。

鲥鱼除了游进长江，也游进钱塘江、珠江。聂璜说鲥鱼在广州叫“三黎之鱼”，虽然今天有美食家说三黎指的是鲥鱼的亲戚——斑鰶（音jì），但我看了一些古籍和老广东人的回忆后，感觉三黎本应是鲥鱼，后来鲥鱼资源衰竭，才改指斑鰶。不管怎样，鲥鱼确实在多条大江中繁盛过，并非长江特产。

世人，包括聂璜，独尊长江鲥鱼为最佳，其实过于迂腐了。聂璜在福建吃的鲥鱼是“取于海”的，自然“味差劣”，要是在洄游季捞到游进河里的，不管是哪条河，味道应该都不错。

拿进入长江的鲥鱼来说吧，大部分会进入鄱阳湖，再进入赣江产卵。小部分到达湖南城陵矶后，再分两路，一路沿着长江继续走，最远到达宜昌；另一路进入洞庭湖，入湘江，最后来到长沙、湘潭产卵。

进入江河的鲥鱼就都变好吃了吗？不，要刚刚入江、游到江浙地区的鲥鱼才最肥美，鲥鱼进入淡水后几乎不吃东西，只靠消耗自身脂肪，越游越瘦，游到江西时，已经没有吃头了，甚至被侮辱性地称为“瘟鱼”。明代的《菽园杂记》里就说：“鲥鱼尤吴人所珍，而江西人以为‘瘟鱼’，不食。”

## 鳞下之美

说到鲥鱼，几乎所有人都会脱口而出一个典故：“张爱玲说过，人生有三大恨事：‘鲥鱼多刺、海棠无香、红楼梦未完。’”

这句话挺文艺的，大家都用，用到快成为张爱玲最有名的一句话了，用到好多人以为这句话是张爱玲原创的。

其实看一下出处，你会发现，这三恨中的两恨，是张爱玲引用别人的话。她在《红楼梦魇》里的原句是：

“有人说过‘三大恨事’是一恨鲥鱼多刺，二恨海棠无香，第三件不记得了，也许因为我下意识地觉得应当是‘三恨红楼梦未完’。”

《红楼梦魇》是张爱玲考据《红楼梦》的著作，她借用古人说的前两恨，引出自己的第三恨，借以带出《红楼梦》的内容。

前两恨的原作者是宋代的名士彭渊材，而且他的完整版不是三恨，而是五恨。宋代僧人释惠洪的《冷斋夜话》写道：“彭渊材……

所恨者五事耳……第一恨鲥鱼多骨，第二恨金橘大酸，第三恨莼菜性冷，第四恨海棠无香，第五恨曾子固不能作诗。”

下次别人跟你念叨张爱玲的三恨时，你就回以彭渊材的五恨，占领文艺制高点。

话说回来，宋朝名士对鲥鱼这么痴迷，说明鲥鱼是真的好吃。自古以来就有“宁吃鲥鱼一口，不吃草鱼一斗”之说（草鱼：我做错了什么？）。鲥鱼虽刺多，但肉质极其细腻，吃过的人有三个字的评语——“透骨鲜”，值得花时间抿着吃。

做鲥鱼时，有个细节见成败：鱼鳞不能刮。鲥鱼的鳞下有一层脂肪，一刮鳞，脂肪也被刮掉了。这层脂肪最香，蒸鱼时，它会沁入鱼肉。有的厨师嫌不够，还要裹一层猪网油，把火腿、笋片、酒糟交替摆在鱼身上同蒸。尤其是那笋，要选和鲥鱼一同上市的江南春笋，二鲜合为一处，正是苏东坡所言：“尚有桃花春气在，此中风味胜莼鲈。”

▼ 清蒸，配以香菇、火腿、笋片、酒糟，是鲥鱼的经典做法

# 鲥贡逸事

鲥鱼的另一著名身份，就是皇室贡品。明清两代，都有专门的“鲥贡”，这里面有好多有意思的事。

明洪武元年（1368年），朱元璋刚当上皇帝就立下规矩：每年四月要向宗庙进献鲥鱼。听上去很厉害的样子。但是四月的贡品同时还有樱桃、梅子、杏、雉鸡，都是寻常之物。所以，鲥鱼此时只是一个“时令小吃”的角色，地位并不很高。当时明朝的都城是南京，挨着长江口，本来就是产鲥鱼的地方，所以随捞随上贡，很方便。把鲥鱼列为贡品，可能也有这方面的原因。

朱棣迁都北京后，为了遵守祖宗之法，依然要保证贡品里有鲥鱼。于是“鲥贡”独立成了一项任务，被特殊对待。和其他贡品不同，鲥鱼极易腐败。据说从江里捞起来，挑着担子运到江边的城里，风味都会变差，更别提运到北京了。

所以，南京燕子矶附近的观音岩建起了一座“鲥鱼厂”。这里紧挨长江，方便处理鲜活鲥鱼。厂里还有冰窖，提供运鱼所需的冰。

那么南京的鲥鱼多久能送到北京？明代官史中没有记载，只在明人沈德符的笔记《万历野获编》中有记载。鲥鱼是四月出产，沈德符说，五月十五日要用鲜鲥鱼祭祀南京明孝陵（朱元璋陵墓），然后开船北上，“限定六月末旬到京，以七月初一日荐太庙，然后供御膳。其船昼夜前征，所至求冰易换，急如星火”。

四月的鱼，七月皇上才吃到，这还叫急如星火？简直是对星火的侮辱！然而这记载很可信，因为沈德符亲自上过贡船。在船上，他目睹了一个更残酷的事实：本应每到一处就换冰保鲜，但由于官员腐败，竟然“实不用冰，惟折干（用钱代替冰块）而行”。冰块被换成了钱，钱被官员贪了。船上的鲥鱼“皆臭秽不可向迩（靠近）”，使沈德符“几欲呕死”。

贡船不止一条，邻船有朋友请沈德符去谈诗论文。一登上邻船，沈惊讶地发现船舱整洁，毫无臭味。一问才知，是朋友给了船主点儿好处，把贡鱼移到别的船上了。

几船恐怖的臭鱼到了北京，“始洗刷进充玉食”。先贡到太庙，熏一熏列祖列宗，然后皇上的母亲先吃，皇上再吃，最后赐给大臣们。皇上身边的宦官“杂调鸡豕笋俎，以乱其气”，用其他食材味道盖住臭味，却依然“不堪下箸”。

► 我在南京燕子矶头拍到的长江。明代的“鲥鱼厂”就设在这附近

就算味儿不对，但皇上赐的鱼，大臣们不敢说不好。皇上自己呢，估计压根儿就没吃过鲜鲥鱼，以为鲥鱼就这个味儿呢，满朝上下就这么稀里糊涂地吃着臭鱼，岁月静好。

据沈德符说，后来有一位“大珰”（当权的大宦官）从北京到南方上任。有一天吃饱了骂厨子：正是鲥鱼产季，为什么不给我做鲜鲥鱼！厨子说每顿都给您做啊……宦官不信，直到看见后厨拿来的鱼，才惊讶道，样子倒是和我在北京吃过的一样，“然何以不臭腐耶？”闻者捧腹。

可见，明朝中后期，鲥贡已变成了腐败的温床，渔民不堪其扰，官员中饱私囊。

到了清朝初年，鲥贡依然存在，但改成了快马接力，效率一下子就提高了。康熙年间沈名荪、吴嘉纪的鲥贡诗里写过：“三千里路不三日”“君不见金台铁甕（音wèng）路三千，却限时辰二十二”。也就是说，江南到北京接近1500公里路，竟然只用22个时辰（44个小时）就到了，不到两天！和明朝的几个月简直是天壤之别。这是怎么办到的？原来是要遍设驿站，白天挂旌旗，晚上挂灯，几千匹马接力传递，骑马人不能吃饭，只能在马背上用生鸡蛋和着酒咽下。沿途的官员带着民夫修桥补路，唯恐马在自己的地盘摔倒。“马伤人死何足论，只求好鱼呈至尊。”官员倒是没有明朝腐败了，但劳民的程度更严重了。

对明朝来说，鲥贡是祖宗之法，不好废除。但清朝就没这个限制了。后来，康熙帝结束了大规模的鲥贡，改收“鲥鱼折价银”，乾隆时又免除了鲥鱼折价银。但小规模的鲥贡一直没有停止，毕竟皇上家总是要吃鲥鱼的。

# 鲥鱼已死

中华人民共和国成立后，长江鲥鱼的产量呈现出一个诡异的曲线。20世纪60年代时，产量稳定，每年约为309吨～584吨，70年代突然波动极大，1971年跌落到超低的74吨，1974年又飙升到史上最高的1574吨，之后又断崖式地下降。进入80年代，已经苟延残喘。1986年仅为12吨，已经没有鱼汛了。

捞了上千年都没事儿，怎么短短几十年就没了？首先，鲥鱼刚一进长江，就要面对比古代更多的渔网的过滤。幸存者到了产卵的地方——江西峡江，已经瘦骨嶙峋。古代江西人看不上这种“瘟鱼”，不会捕捞，正好给它们产卵的机会。现代人却在峡江布下三层流刺网，白天捞完夜里接着捞。

侥幸孵化的幼鱼，会按祖先的路线游进鄱阳湖，准备养肥身体再回到大海。但鄱阳湖渔民早已等在这里，用极细的毫网捞起幼鱼，晒干了做饲料，喂鸭子。1973年，仅湖口一县就能晒得7.74吨幼鲥鱼干。幼鱼，还晒成干，7.74吨，这是多少条？据说是4000多万条。

▲ 我在宁波餐馆拍到的这几条鱼，虽然标牌上写着“长江鲥鱼”，但实际上是美国西鲱

江边越来越多的工厂排放的污水，索鱼性命更是轻而易举。每天排入江里的污水，都是以百吨为单位计算的。

最后，赣江的一个个水坝，彻底摧毁了鲥鱼的产卵场。鱼产卵需要流速急的水来刺激，建了坝，水流变缓，鱼产不出卵，甚至根本越不过去坝。

从90年代至今，长江水产研究所只是1998年时在江苏采集到一条鲥鱼，除此以外，一无所获。珠江、钱塘江也是如此。

鲥鱼已经消失几十年了。它的味道只有一些上岁数的人才说得出了。

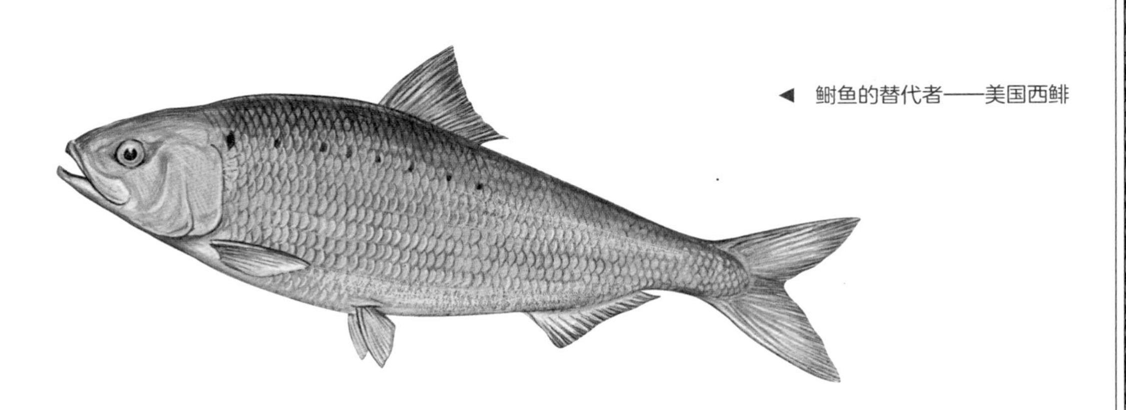

◀ 鲥鱼的替代者——美国西鲱

## 他山之鲥

今天的市面上，依然有鲥鱼，但只有两个来源：东南亚进口的长尾鲥和美国西鲱。美国西鲱在国内已养殖成功，市场上以它为最多。中国鲥鱼的商业化繁育没有成功，标榜着“人工养殖长江鲥鱼”的，其实都是美国西鲱。

我问过几位鱼类研究者，怎么区分美国西鲱和中国的鲥鱼，他们表示，除了鳞片、鳍条个数这种极其细微的特征外，几乎无法一眼分辨。二者同属鲥亚科，亲缘关系很近。“最简单的方法就是，你看到的都是美国西鲱，鲥鱼已经没有了。”鱼类研究者周卓诚告诉我。

在美国西鲱的老家——美国，你会看到和中国完全不同的场景。4月，西鲱密密麻麻地涌进河流，大批美国人开着房车来钓鱼，一钓好几天，热热闹闹。

在美国超市里，美国西鲱的鱼子很受欢迎，卖得较贵。鱼本身却非常便宜，因为美国人不爱吃刺多的鱼。识货的华人常会买两条，解解想吃鲥鱼的馋，据说味道和鲥鱼差不多。至于西鲱卵，有的华人把它夸上了天，说“有莴苣清香，蜜橘甜润，又有牛肉、羊肉、螃蟹、蛤蜊的香味”，有的华人却吃不出哪里好来。我没吃过，没法评价。

有意思的是，美国西鲱也衰败过，原因和中国鲥鱼一样：滥捕、

► 1890年，美国捕捞美国西鲱的场景。过度的捕捞曾让美国西鲱一度减少

▲ 科纳温戈大坝前的钓客钓到了一条美国西鲱。这个大坝有鱼梯，可以让西鲱游到上游

污染、建大坝。曾几何时，多条河流都不见了西鲱的踪影。但是美国后来开始下大力气复育西鲱：治理污染，开展增殖放流，严格禁渔，在大坝上修建过鱼设施，甚至拆除了很多大坝。

效果慢慢显现。拿科纳温戈（Conowingo）大坝来说，1972年开始出现美国西鲱，80年代每年能捞到100条，2010年左右突破了27 000条，已足够供钓客休闲。

我相信，中国的海里还隐藏着一些鲥鱼，静静等待着回家的那一天。它们能等到吗？

## 海错图笔记的笔记 · 鲥鱼

◆ 鲥鱼鳞白如银，腹下有一排棱鳞（锯齿状的刺），体表泛蓝绿色光泽。

◆ 鲥鱼大部分时间都在海里生活，每年农历四月洄游到淡水中。

◆ 鲥鱼刺多，肉质细腻，鱼鳞下有一层脂肪，因此做菜时不能刮鳞。

◆ 现在市面上售卖的鲥鱼只有两个来源：东南亚进口的长尾鲥和美国西鲱。

# 海马、药物海马、七里香

## 【同宗同族，龙马精神】

◎ 海马与海龙，听上去都是能翻江倒海的怪兽，其实它们在现实中是人畜无害的小可爱。

七里香贊

魚不在大
有香則名
香不在多
有美則珍

## 闲得五脊六兽

在华北和东北，如果谁家孩子成天无所事事，在家晃荡，大人就会说他：“这孩子，闲得五脊六兽的。”

在这里，“五脊六兽”表示的是“极度无聊导致的心烦意乱、无所适从”这样一种状态。这是一个微妙的词，拿我的家乡北京来说，日常聊天时，每个人都理解它的含义，甚至莫名觉得它非常形象、难以替代。但真要解释一下为什么“五脊六兽”是这个意思，大家又语塞了，只能搬出英语老师的名言：“这是固定搭配。”

其实，这个词的本义来自中国传统建筑的屋顶。平民的房屋一般是卷棚顶，没有正脊，而等级高的建筑往往有正脊。正脊加上四条垂脊，这为五脊。正脊两端各有一个兽头——鸱（音chī）吻，四条垂脊上又各有一个兽头——垂兽，这为六兽。有种说法是，五脊六兽的房子是富人才有的，富家子弟天天无所事事，五脊六兽形容的就是这种闲出屁的状态。原因是否如此，现在已经很难考证了。

## 海里的火焰

民间的富人，一般到六兽就可以了，如果再加兽，必须要有更高的等级才行。在清代官式建筑中，垂脊或戗（音qiàng）脊上会再设置一排小兽，称为“走兽”。兽越多，建筑的等级越高。

全中国走兽最多的建筑，就是故宫太和殿。它的每条垂脊上有10个走兽，第一个“仙人”和最后一个“垂兽”不算，其他兽是这样排列的：一龙二凤三狮子，四海马五天马六押鱼七狻猊（音suān ní），八獬豸（音xiè zhì）九斗牛十行什。

其中，海马和天马外形极似，都是骏马的形状。区别在于，天马长着翅膀，海马则身披火焰。

身上带火，住在海里，那不都浇灭了吗？不要较真儿，这个神兽就是这么设计的。《海错图》里有它的全身高清大图，是一匹长着鱼鳍和鱼嘴、腋下和腹股沟呼呼冒火的马。

▲ 北京故宫太和殿的仙人、走兽和垂兽

◀ 故宫修缮殿宇时替换下来的康熙年间走兽——海马。身上有火焰纹是其特点

# 怪脾气的骨头

聂璜说，火焰正是这种传说生物的最大特点："海马之年久者，身上有火焰斑。其游泳于海也，止露头，上半身每露火焰，艇人多能见之。"听上去似乎有目击案例的样子。

而且它偶尔还会被渔民捞起："渔人网中得海马或海猪，并称不吉……其身皆油，不堪食。"有厚厚的皮下脂肪，又和海猪（海豚）并列，似乎是某种海洋哺乳动物。

还有更切实的证据：骨头和牙齿。"今台湾人多以海马骨作念珠，云能止血。"聂璜继续介绍道。他还说，海马骨非常坚硬，水火都不能毁掉它，但是一旦用它击打皂角和狗，就会立刻破碎。这是什么奇怪的设定？

聂璜没见过海马骨，却有一颗友人赠予的海马牙。此牙大如拇指，聂璜把它视为"海马真迹"。遗憾的是，他没把这颗牙画在《海错图》里。

这种身带火焰的马状生物，我认为只存在于传说里。渔民捞起来的那些，如果确有其物的话，可能是海豹。除了"其身皆油"的特点吻合外，还因为海豹在古代有一个别名叫"海驴"，很容易传成海马。

▼ 欧洲神话里的"海马"，是一种马头鱼尾兽，传说海神波塞冬的战车就是它拉着的

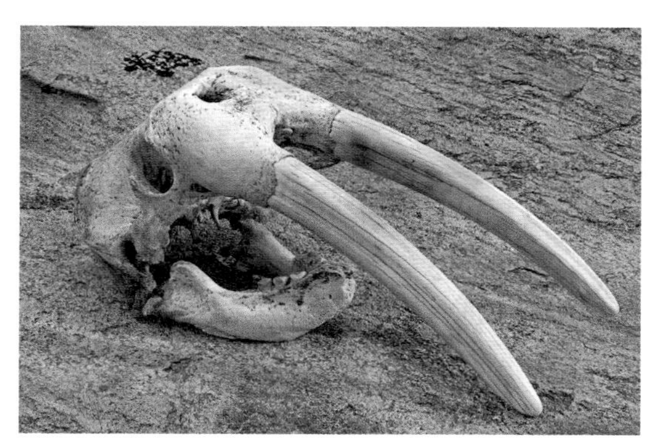

► 海象的头骨。它的长牙被中国人称为“海马牙”或“虬角”

至于聂璜手里的那颗海马牙，或许来自海象。

海象生活在北极附近，它的巨大牙齿在清代被俄罗斯人卖到中国，作为象牙的替代品。国人称其为“虬（音qiú）角”，古玩界的念法是qiū jué。民国时期的收藏家赵汝珍在《古玩指南》中说：“象牙之伪者为海马牙，京市呼为虬角。”这样看来，海马牙的主人应该就是海象，而“海马骨”的描述过于离奇，还是归为志怪传说比较合适。

## 鱼 虾虫马，四位一体

除了这只神兽，聂璜还画了一幅《药物海马》图。这幅就好认多了，是今天人人皆知的海洋小鱼——海马。

外形古怪的海马，全身被一圈圈骨质环包围，僵硬而佝偻。大部分古人根据这样的体形，把海马归为虾类。金陵本《本草纲目》里，直接把海马画成了一只大虾。

聂璜对此有话要说。据他所知，福建和广东多有海马，常常混在渔获中被捞上岸。他还曾亲自把海马养在水中观察，发现它“辫有划水及翅而善跃”。海马的胸鳍长在脑袋边上，看上去就像两个小辫子，这显然不是虾的特征。

据此，聂璜否定了海马是虾的说法，但可惜的是，他也否认它是鱼，而认为它是“海虫”。算了，海马长得太怪，认不出来情有可原。

▼ 海马全身被骨质环包围，喜欢用尾巴缠在海藻上

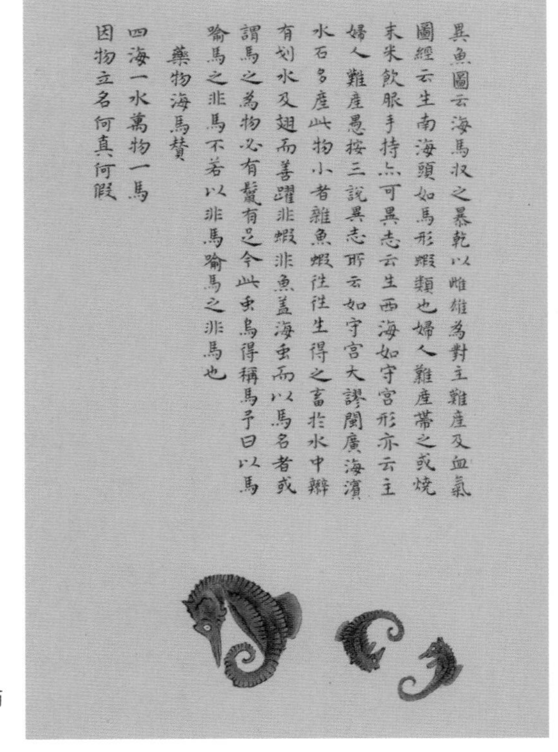

異魚圖云海馬收之暴乾以雌雄為對主難產及血氣
圖經云生南海頭如馬形蝦類也婦人難產帶之或燒
末米飲服手持亦可異志云生西海如守宮形亦云主
婦人難產懸按三說異志所云如守宮大謬閩廣海濱
水石多產此物小者雜魚蝦往往生得之畜於水中辦
有划水及翅而善躍非蝦非魚蓋海虫而以馬名者或
謂馬之為物必有鬣有足今此虫烏得稱馬予曰以馬
喻馬之非馬不若以非馬喻馬之非馬也
藥物海馬贊
四海一水萬物一馬
因物立名何真何假


► 《海错图》里的《药物海马》图

## 海中小龙

我们再来看第三幅画：《七里香》。这是一条“闽海小鱼”，身体细长，皮肤有方棱（也是骨质环），像一条迷你龙。

这个鱼在今天叫“海龙”，分类学上是海马的亲戚。其实很容易看出它俩的亲戚关系，海龙就是个掰直了、抻长了的海马。

海马生活在海里，但某些海龙可以进入淡水。中国南部那些直接入海的小河里，藏着横带海龙、无棘海龙、短海龙等好几种海龙。我拜访过台湾的鱼类达人林春吉，他养过好几种台湾河流里的淡水海龙。按他的经验，这些海龙几乎只吃一种食物——抱卵的米虾的卵。直接把卵取下来扔给它还不行，非得把抱卵的活虾扔进去，它才会偷偷摸摸地盯着虾肚子，再冷不丁地用尖嘴吸几颗卵。

与海马相比，海龙的泳技要高一点儿，但也没高到哪去。海马基本已经放弃游泳了，每天就用尾巴卷住海藻、珊瑚，看到哪个小海虫爬过来，就用细嘴嘬进去。海龙好歹大部分时间还是游泳的，聂璜在它的尾巴末端画了一个扇形的小尾鳍，这是它可怜的游泳工具。

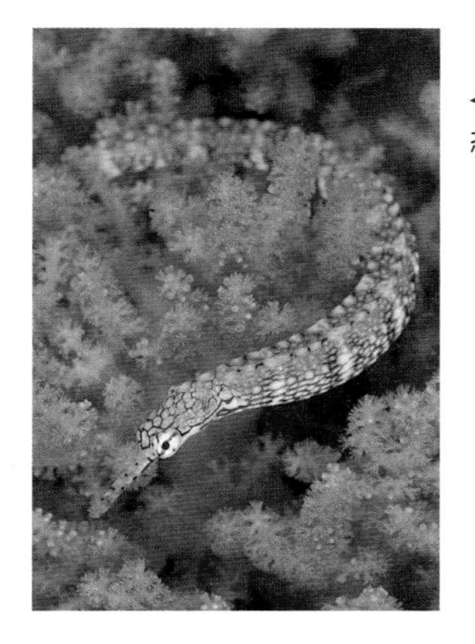

◀ 海龙搜寻猎物的姿态，颇有龙韵

▲ 19世纪西方科学手绘中的海马和海龙，可见二者的相似之处

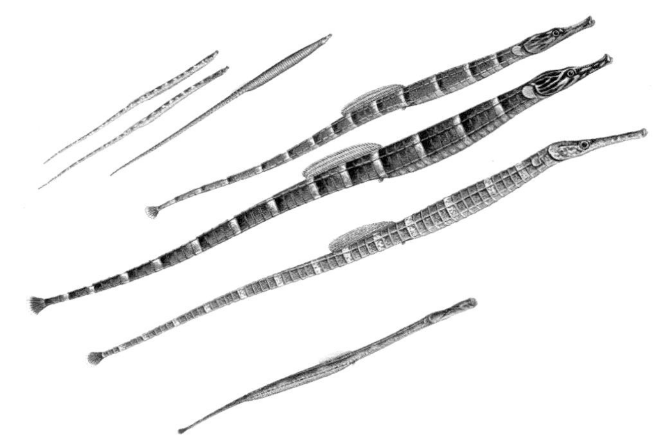

▲ 种类各异的海龙。不是每种海龙都有扇形的尾鳍

我在泰国潜水时见过一条小海龙，它贴着海底，慢悠悠地蛇形前进，很有耐心地歪头观察每一个礁石缝隙，寻找食物。我对能歪头、扭头的动物是很有好感的，觉得它们“有脖子”，动作很像人，有灵气，比如螳螂，比如海龙。

## 瘦弱小鱼，何以补阳

既然把海马称为“药物海马”，那它有什么药效呢？聂璜说：“妇人难产，烧末饮服，手持亦可。”古代医书都采用这种说法，而且认为海龙的药效比海马还强。《本草纲目拾遗》载：“海龙功倍海马，催生尤捷效，握之即产。”

烧成末喝了还可以理解，手持是什么操作？产妇只要握着海马，孩子就能“吥叽”生下来？

来看看医家是怎么解释的。《本草纲目》说：“海马雌雄成对，其性温暖，有交感之义，故难产及阳虚房中方术多用之。”原来，海马在繁殖季节会雌雄成对，长时间缠绵在一起。古人让产妇握着海马，是为了取其“交感之义”。这么看来，与其说是治疗，不如说是图个吉利。

今天医学昌明，已经没有人难产时握海马了。人们的关注点转向了海马和海龙的另一功效：壮阳。理由还一样：既然它们总是雌雄缠绵，说明身体不错啊，按照吃啥补啥的原理，一定可以扶阳道吧。

古人是瞎联想，那现代人有没有做过科学验证呢？日本和中国有过报告，说海马和海龙的提取物能让小白鼠的精子活力增加。但这只是最初级的成果，连实验者自己也承认“对其缺乏较系统研究”。要想证明它对人也有用，还有很长的路要走。另外，还有实验声称海马、海龙能抗癌、抗疲劳、抗衰老、抗骨质疏松……当然，这些说法也止步于小白鼠。我总觉得，一种东西要是号称百病全治，就要打个问号了。

而且，用作药材的海马和海龙，还有两个大问题。

一是造假。中国药科大学、第二军医大学的研究者在市场调查中发现，有商贩为了增重，往海马腹内填充胶、水泥、树脂，加进去的杂物最多可达海马自身重量的170%，比海马自己还重。有的渔民抓到海马时，活着灌胶，并用线扎紧海马的嘴，晾干出售。剖开这样的药材，能看到海马全身的骨节之间完全渗满了胶，没有一丝空隙。而人们用海马煲汤、泡酒时，通常会整个放入，不会掰开，因此难以发现。

二是资源。中国在20世纪50年代就开始尝试养殖海马、海龙，但

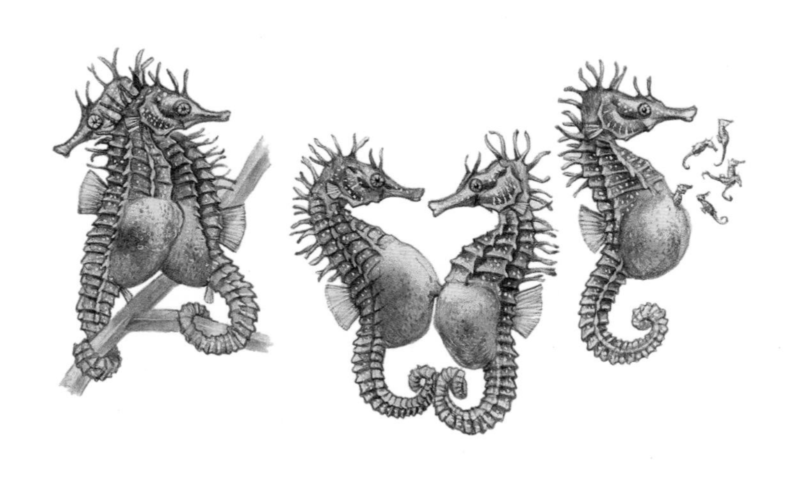

▶ 海马在交配前，先雌雄成对缠绵，然后雌鱼把卵产在雄性的育儿袋里，稚鱼孵化后，雄鱼就挤压腹部把它们排出来

▼ 香港药房里的海龙

▲ 海龙在求偶时会双尾交缠在一起很长时间

一直被饵料、病害问题困扰，投入大于产出，养殖场纷纷关闭。2009年后，技术有了突破，养殖进入了产业化阶段，但依然面临种质退化、繁殖率低的问题，远远谈不上成熟。同时，国内对海马、海龙的需求巨大，不但药铺里卖，餐厅里有海马酒、海龙酒，连夜市上都有炸海马、炸海龙。人工个体无法满足市场，大部分还得靠野外捕获。

中国海里的海马、海龙已经在一次又一次的捕捞中枯竭了，于是，马来西亚、菲律宾、埃及、印尼的海马、海龙们被迫结束了慢节奏的生活，流入中国，变成绑在一起的干尸。它们旁边的宣传板上印着肌肉发达的猛男，效果如何，我不敢妄言。唯一能确认的是，这些猛男的阳刚和肌肉靠的是健身，而不是皮包骨的小鱼。

## 海错图笔记的笔记 · 海马和海龙

◆ 海马全身被一圈圈骨质环包围，胸鳍长在脑袋边上，喜欢用尾巴缠在海藻上。

◆ 海马在交配前，先雌雄成对缠绵，然后雌鱼把卵产在雄鱼的育儿袋里，稚鱼孵化后，雄鱼就挤压腹部把它们排出来。

◆ 海龙是海马的“亲戚”，身体细长，皮肤有方棱（也是骨质环）。海马生活在海里，但某些海龙可以进入淡水。中国南部一些直接入海的小河里，藏着横带海龙、无棘海龙、短海龙等好几种海龙。

# 飞鱼、鹅毛鱼

## 【文鳐夜飞，弃暗投明】

◎ 会飞的鱼，自古以来就是一种亦真亦幻的动物。人们知道它的存在，却总是搞不清它到底是哪种鱼。不论是中国人还是西方人，都曾闹出过“乌龙”。

鵝毛魚贊

一盞漁燈海岸高撑

魚從羽化棄暗投明

飛魚賛

文鰩夜飛
霞紅電赤
直上龍門
何愁點額

# 红色的“飞鱼”？

在中国古代，有一种怪鱼常被载于典籍。它叫“文鳐鱼”，又名“飞鱼”，据说长有双翅，可以在空中飞。宋代的《尔雅翼》写道：“文鳐鱼出南海，大者长尺许，有翅与尾齐。一名飞鱼，群飞海上。”

在康熙三十六年（1697年）和三十八年（1699年），聂璜曾两次在福建菜市场目睹到一种鱼。他认为，这就是传说中的文鳐鱼。凭什么呢？就凭它的胸鳍特别巨大，末端都到了尾巴，这正符合“翅与尾齐”的记载。

除此以外，聂璜还记下了这种鱼的其他特征：（1）周身鳞甲皆红色，（2）头有刺。这就不对了。现实中，长成这样的鱼倒是有，但绝对不会飞，自然也不是古籍中的文鳐鱼。

▲ 除了单棘豹鲂鮄，还有好几种鲂鮄身体也发红，比如图中的东方豹鲂鮄

▼ 《海错图》里画的飞鱼，也有可能是蓑鲉

◀▼ 这两幅西方人的绘画中，不论是被鲨鱼追得飞上船（下），还是飞上天后被海鸥叼走（左），都是飞鱼科鱼类的真实行为。但画中的鱼却被错误地画成了豹鲂鮄

## 海底舞者，实难登天

从画中的头有刺、身红色、胸鳍长至尾部、鳍条突出等特点看，这应该是鲉形目、豹鲂鮄科的鱼，最有可能是“单棘豹鲂鮄”。它是中国的豹鲂鮄里最红的。

也有可能是鲉形目、鲉科的蓑鲉，但是蓑鲉背鳍极长，身有明显的虎纹，和画中不符。暂且作为另一个选项吧。

每个人一看到豹鲂鮄，都会立刻产生一个感觉：这鱼会飞，否则长那么大的“翅膀”干什么呢？豹鲂鮄的胸鳍极度发达，完全张开后，整个鱼就像一个圆形的飞碟。

这么大的翅膀，在空中飞行应该不是问题吧？不光聂璜，连西方人也这么觉得。欧洲有很多老画，画的都是豹鲂鮄飞行的场景。有的画里，豹鲂鮄群为了躲避鲨鱼、鲯鳅的捕食，慌忙飞向空中，撞在了帆船的桅杆上，把船员吓得不轻；有的画里，豹鲂鮄在空中飞行时，直接被海鸥叼走……

遗憾的是，这些景象只存在于传说、画作中，从未得到过证实。

不论从习性还是身体结构来看，豹鲂鮄都是不会飞的。它的身体被坚硬的鳞片包裹，很僵硬，游速很慢，就算拼了老命跳出水面，也只能无力地“啪嗒”落回水里，无法达到起飞速度。至于另一个可能的真身——蓑鲉，就更飞不起来了，它基本上跟你家金鱼的游速差不多，摇摇摆摆的。

豹鲂鮄平时是在海底生活的。底栖鱼的胸鳍通常很大，这样它们趴在海底时，胸鳍就可以和尾鳍形成鼎足之势，支撑身体。贴着海底游泳时，胸鳍也能保持平衡。

而豹鲂鮄的胸鳍还多了交流功能。鳍上有醒目的豹纹、眼斑。求偶时，雄鱼、雌鱼就会张开胸鳍相伴而游，用颜色展示感情，就像海底的“比翼鸟”，画面太美。

▼ 两条豹鲂鮄张开胸鳍，在海底相伴“翱翔”

▲ 在水中的飞鱼

## 鹅毛小鱼，反是正宗

聂璜两次亲眼看到、引经据典考证出的“飞鱼”，竟然既不能飞，也不是古籍中的文鳐鱼，太尴尬了。但聂璜大概自己都没意识到，他在《海错图》中画下的另一种鱼，反而是文鳐鱼的真身。

古籍《汇苑》记载，东海有一种“鹅毛鱼”，能飞。渔人抓这种鱼不用网，只用一艘独木小艇，刷上白色反光的蛎粉，夜里划到海上，支个杆子挂盏灯，照亮船身，鹅毛鱼就纷纷飞进艇中。鱼太多的话要赶紧熄灯，否则船就沉了。

聂璜看文献时，觉得这鱼很有趣，却一直没有目睹过这种鱼。他住在福建时，有位叫陈潘舍的漳南人告诉他：这种鱼在我们这边叫飞鱼，就是用这个办法捉的；它身体狭长，有细鳞，背青腹白，两个胸鳍像翅膀，有二寸（约6厘米）长。尾鳍细长，能帮助飞行，并给聂璜画了简图。

但是聂璜认为，这种鱼的翅膀不够大，不符合古书中文鳐鱼“翅与尾齐”的特征，所以不是文鳐鱼。其实，是他太抠字眼，导致一叶障目了。从各种线索看，鹅毛鱼恰恰就是真正的飞鱼，也是传说中的文鳐鱼。

# 文鳐夜飞而触纶

从对“鹅毛鱼”的描述可以确定，它是颌针鱼目、飞鱼科的种类。飞鱼科下有个“燕鳐属”。这个燕鳐，其实就是科学家把古名文鳐鱼和今天的俗名“燕儿鱼”结合在了一起。

飞鱼身体修长，游动迅速，常常结群行动，一旦被大鱼追赶，它们就跃出水面，张开鳍滑翔。有的飞鱼种类连腹鳍也发达，等于又多了两个小翅膀。四个翅膀一起张开，飞得更好。

但飞鱼不会像鸟那样振翅飞行。它们的翅不动，只是滑翔。滑一段落回海面，还能用尾巴快速打水，再次起飞。遇到顺风，飞100米远都没问题。

晋代《吴都赋》有一句“文鳐夜飞而触纶”，道出了飞鱼的另一个习性：趋光。到了晚上，飞鱼就特别喜欢聚到有光的地方，人类会

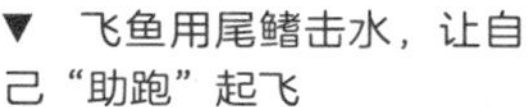
▼ 飞鱼用尾鳍击水，让自己“助跑”起飞

利用这个习性抓飞鱼。古人是用油灯，今人则用大功率的电灯，能把海面照得如同白昼。飞鱼纷纷趋光而来，自投罗网。

有一次我翻《中国动物志·颌针鱼目》，发现里面把“文鳐夜飞而触纶”的“纶”解释成羽扇纶巾的纶（音guān）。于是意思就变成了“文鳐鱼夜里趋光飞翔，撞在了渔人的头巾上”。难道我一直以来都理解错了？赶紧查一查，“纶”有两个读音，作头巾讲时，读guān；作钓鱼线讲时，读lún。唐代的李周翰为“文鳐夜飞而触纶”注解过：“纶，小网也。”触纶也是一个专门的词，意为投入罗网，所以《中国动物志·颌针鱼目》的解释是错误的。

## 卵连缀，端上筵席

陈潘舍还告诉聂璜，飞鱼肚子里“有白丝一团，如蜘蛛腹内物”。到晚上，它还会发出萤光。在当时，这东西是被抛弃不吃的。

现在看来，这团物体就是飞鱼的卵。它的卵非常小，白中透黄，彼此之间被丝状物纠结在一起，看着就像蜘蛛丝和蜘蛛卵的混合物。所谓“如蜘蛛腹内物”，大概就是这个意思吧。

飞鱼是在海面的漂浮物（海藻、树枝等）上产卵的。那些丝可以把卵固定在漂浮物上。英国广播公司（BBC）的纪录片《生命》曾拍摄到这样一段画面：一大根椰子叶漂在海面，引来一大群飞鱼产卵，眨眼间，椰子叶就被卵和丝裹成了大粽子，甚至还有好多飞鱼被裹在里面窒息而亡。由于卵太重，这个大粽子就带着卵和死鱼沉入了海底，画面相当瘆得慌。

在现代人看来，清代人竟然把飞鱼卵扔了，简直太不识货了，它在今天可是大名鼎鼎的食材。日本人喜食飞鱼卵，军舰卷上常见的小粒鱼子就是飞鱼卵。由于它本身的米黄色不好看，常被用食用色素染成红色、绿色，在中国的日本料理店里还总被误称为“蟹子”。

飞鱼卵最大的三个产地是中国台湾、印尼和秘鲁。台湾的保鲜和加工技术高，飞鱼卵的品质远超另外两地，是当之无愧的世界第一。

一般人想不到的是，台湾人并不是剖开鱼肚获得飞鱼卵的。每到飞鱼繁殖季，渔民就把泡沫塑料绑在草席上，再把草席连成长龙，浮

◀ 台湾夜市的炸飞鱼

► 被染成红色的飞鱼卵，是做军舰卷的好材料

在海面。飞鱼一看，好多漂浮物，快产卵、快产卵。等鱼走了，渔民收起席子，把一团一团的鱼卵摘下来，再送到加工厂去掉丝状物，染上食用色素，就可以放到寿司上了。

有动物保护人士担心，飞鱼也是其他海洋鱼类的重要食物，人类大量捞卵的行为，可能会破坏生态平衡，于是号召大家不要吃飞鱼卵。我觉得个人不吃没啥用，关键是政府得控制好捕捞量。只要科学捕捞，食客就不必有负罪感。

相比食用飞鱼卵，人们对食用飞鱼肉没有什么争议。它是很平价的海边肉类来源。台湾人把它晒成鱼干、裹糊炸，日本人则把最新鲜的飞鱼做成寿司料，用生肉捏制，或者醋渍、燎烤后再捏，入口味道清淡，甜味随后而来。

## 海错图笔记的笔记 · 飞鱼

◆ 平时在海底生活的鱼被称为底栖鱼。底栖鱼的胸鳍通常很大，这样它们趴在海底时，胸鳍就可以和尾鳍协作支撑身体。贴着海底游泳时，胸鳍也能保持平衡。而豹魴鮄的胸鳍还多了交流功能。鳍上有醒目的豹纹、眼斑。求偶时，雄鱼、雌鱼就会张开胸鳍相伴而游，用颜色展示感情。

◆ 飞鱼身体修长，游动迅速，它们可以跃出水面，张开鳍滑翔。

► 这只小海鸟叼着一团飞鱼卵。飞鱼卵的本色是米黄色，彼此纠缠在一起，就像蜘蛛卵

# 珠皮鲨、海鳐、锦魟、黄魟

## 【魟背珠皮，误指为鲨】

◎ “绿鲨鱼皮鞘，金吞口，金什件，杏黄挽手，剑把飘摆红灯笼穗……”说评书的常常这样描述大将的宝剑。绿鲨鱼皮鞘是古代兵器常用的配件，但它却并非来自鲨鱼，而来自另一类鱼，它们和鲨鱼长得一点儿都不像。

珠皮鯊贊

魟背珠皮
寔飾刀劍
誤指為鯊
前人未辨

# 鱼似鳖，无足有尾

在现代的字典里，鲛就是鲨鱼。清代也如此释义。但聂璜发现，宋代《尔雅翼》对鲛的解释是“似鳖，无足，有尾”，似乎不像鲨鱼。像什么呢？聂璜一眼看透：“此正魟（音hóng）状也！”

魟，在今天指的是软骨鱼纲鲼目魟亚目的成员。它和鲨鱼都由同一个祖先——三叠纪的弓齿科鱼类演化而来，所以和鲨鱼关系很近。但二者的区别也是显而易见的：鲨鱼往往是瘦长体态，有尾鳍；魟鱼则是一个菱形的大扁片，后面往往没有尾鳍，而是一根鞭子一样的尾巴，尾上有毒针。

聂璜说：“魟鱼，《尔雅》及诸类书不载，韵书亦缺，盖其字不典，不在古人口角也。”这么说也对，也不对。

对的是，魟字确实出现较晚，汉代的《说文解字》里尚无此字，被广泛使用时，已经是明清时期了。不对的是，虽然早期记载少，但也没到“诸类书不载，韵书亦缺”的程度。在南朝梁时期的字典《玉篇》、宋代的韵书《集韵》《广韵》里都有魟字。唐代《酉阳杂俎续集》有“黄魟鱼，色黄无鳞，头尖，身似大槲叶，口在颔下”的描述。就连聂璜在《海错图》中经常引用的清代字书《正字通》里也有对魟的介绍。

为什么这么多记载，聂璜都没看到？实在令人不解。

◀ 日本江户时代《梅园鱼谱》中的魟鱼，似鳖、无足、有尾、有毒针的特点展露无遗

▲ 日本江户时代《梅园鱼谱》中的这两条鱼，为同一种类，外形明显是虾虎。作者毛利梅园在旁注上了“鲨鱼”“虾虎鱼”“鮀（音tuó）鱼”“沙吹”等中国古籍中的名字，以示传承关系

## 鲛鲨之辨

唐宋以前的中国，极少出现“魟”字，因为当时人们使用的是魟鱼的另一个名字——鲛。

《说文解字》中虽没“魟”字，却有“鲛”字：“鲛，海鱼，皮可饰刀。”晋代郭璞说：“鲛……皮有珠文而坚，尾长三四尺，末有毒，螫人，皮可饰刀剑口，错治材角，今临海郡亦有之。”《唐本注》说鲛“出南海，形似鳖，无脚而有尾”。《蜀本图经》说：“鲛鱼，圆广尺余，尾长尺许，惟无足，背皮粗错。”

形似鳖、身体圆广、尾巴长、背上皮肤粗糙、尾上有毒针，明显是魟鱼。所以，“鲛”这个字，虽然现在指鲨鱼，但最初指的是魟鱼。

▲ 清嘉庆六年影宋本《尔雅音图》里的鲨鮀，明显生活在淡水里，形似虾虎

有意思的是，早期的“鲨”字指的也不是鲨鱼。三国时的陆玑给《诗经》作注时说：“鲨，吹沙也。似鲫鱼，狭而小，体圆而有黑点，一名重唇钥。鲨常张口吹沙。”明代方以智补充：“此实是吹沙小鱼，黄皮有黑斑文，正月先至，但身前半阔而扁，附沙而游……余乡至今呼为鲨鮀。”康熙《上海县志》记载：“鲨鱼，吹沙而游，咂沙而食，体圆似鳝，厚肉重唇，其尾不歧。”清嘉庆六年（1801年）影宋本《尔雅音图》中有一幅《鲨鮀》图，鲨鮀的周围又是芦苇，又是菱角，又是金鱼藻，明显是淡水环境。

▶ 《海错图》里的《海鳐》（右），描述为"其形如鹞，两翅长展而尾有白斑"，且眼后喷水孔旁有两个白点。这些都和东海、南海里的双斑燕魟（左）（*Gymnura bimaculata*）完全符合

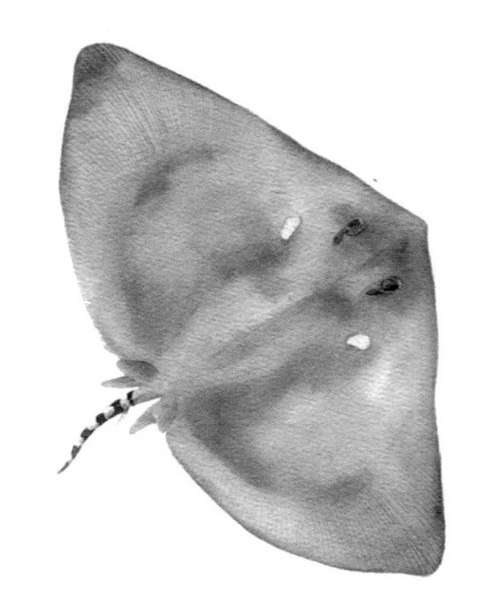

由此可见，早期的"鲨"是一类淡水鱼，它贴在沙底游泳，嘴唇厚，个子小，有黑斑，尾鳍不分叉，还会吹沙子，这应该是虾虎鱼了。在鱼类爱好者中，有一批人格外喜欢虾虎，我就是其中之一。我养了好几年的虾虎，养这东西的一大乐趣就是看它筑巢。虾虎会找一块大石头，在下面挖出个洞来。挖法是用嘴含住一口沙子，然后游到远处吐出去。这就是"吹沙"。

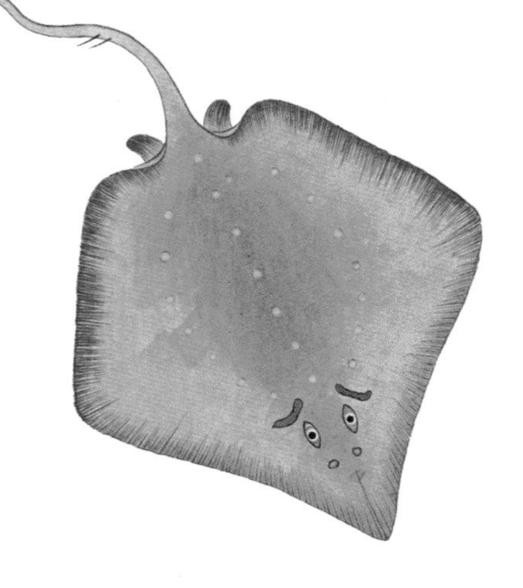

▲ 《海错图》里的《黄魟》，尾上画了两根毒刺。聂璜说："其毒刺螫人，身发寒热连日，夜号呼不止。以其刺钉树，虽合抱松柏，朝钉而夕萎。"渔人捕得魟鱼后，会先"摘去毒刺，投于海"。他甚至说，"黄蜂尾上针"是内陆人的错误说法，正确的应该是"黄魟尾上针"

▼ 我乘坐婆罗洲的一艘小船，在河口处捞到了一条魟鱼。我小心地按住它的尾巴，拍下尖锐的毒刺

而今日中国人所说的鲨鱼，早期是写作“沙鱼”的。因为它浑身覆盖着细小的盾鳞，摸起来有沙子质感。而虾虎（鲨）会吹沙，魟鱼（鲛）后背粗糙似沙子。这三类动物都和沙子有关，于是被混杂在一起。到最后，沙鱼、鲨鱼、鲛三个名字全部指海中张着血盆大口的鲨鱼，另两位竞争者失去了冠名权，吹沙小鱼“鲨”只好改称虾虎，扁平似鳖、长尾、有毒针的“鲛”则改称魟鱼。

◀ 褐吻虾虎正在不断吞沙、“吹沙”，做一个栖身之所

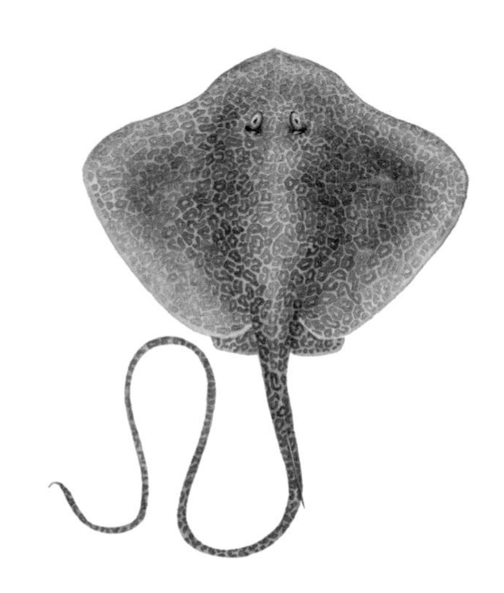

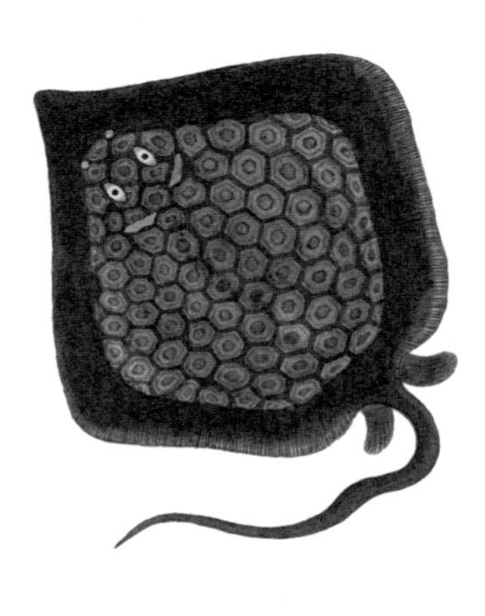

▶ 《海错图》里的《锦魟》（右），描述为“背有黄点斑纹，如织锦。福宁州志有锦魟”。这种斑块状的花纹，属于黄线窄尾魟（*Himantura uarnak*），曾用名“花点魟”（左），是中国体型最大的魟。2016年5月5日，厦门渔民捕获了一条黄线窄尾魟，它长近4米，重300斤

# 鲛皮就是魟皮

我们回到魟还叫“鲛”的时代。一些大型的魟，后背的皮非常坚韧，而且鱼鳞很有特色：像一粒粒珍珠，互相挤在一起，但谁也不压着谁。这种鳞，既好看，又不易脱落，摸起来细腻里带着点摩擦力，简直是上好的皮革材料。

从《说文解字》中可以看出，汉代已经开始用魟皮包裹刀鞘和刀把了。唐代《通典》记载，沿海的临海郡、永嘉郡、漳浦郡和潮阳郡都有“鲛鱼皮”上贡，能看出当时的兵器界很需要它。唐代一定造出了不少精美的鲛皮大刀。

其中有一把，被遣唐使带回了日本，收藏在奈良东大寺的一个著名仓库——正仓院中。这个仓库很神奇，唐代的东西存到现在，还跟新的一样。这把刀现在被称为“金银钿装唐大刀”，日本人将其奉为国宝。在它的刀把上裹着的就是鲛皮。

日本人至今还管魟鱼皮叫鲛皮，在这一点上保留了中国的古意。但是中国由于后来鲛改指鲨鱼，所以鲛皮就跟着改名叫“鲨鱼皮”了。又因为工匠往往把皮染成绿色，就成了今天评书演员常说的“绿鲨鱼皮鞘”了。其实这皮还是魟鱼皮，跟鲨鱼没关系。

聂璜认识到了这一点。他说：“珠皮魟，大者径丈，其皮可饰刀、鞬（音jiān，马上的盛弓器），今人多误称鲨鱼皮，不知鲨皮虽有沙不坚，无足取也……昔人尝执‘鲛鲨’二字以混魟鱼，致使诸书训诂一概不清，每令读者探索无由，多置之不议不论而已。”

◀ 正仓院藏“金银钿装唐大刀”的刀柄被魟鱼皮（鲛皮）包裹，中央还有几粒大圆鳞，证明这块皮取自魟鱼后背中心部位

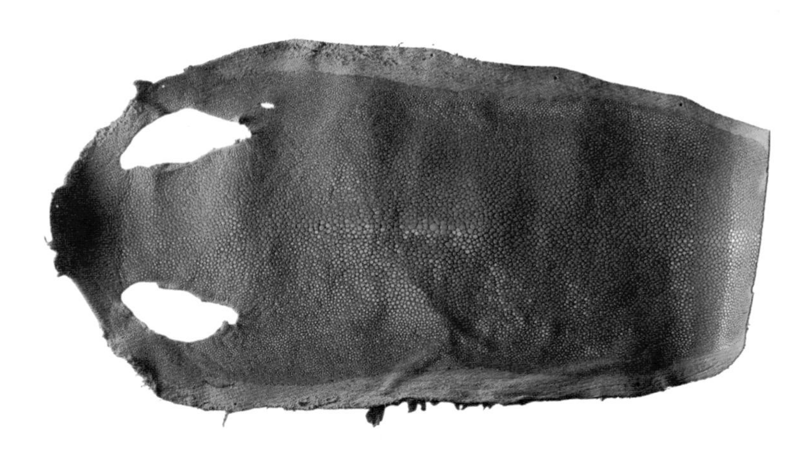

▲ 一块完整的魟鱼皮。两侧的鳍被砍去做食物，所以皮张显得较窄

为了正本清源，他在《海错图》中画了一条后背上布满了珠状颗粒的魟鱼（真实的魟鱼后背上的颗粒没有他画的那么大），并配了一首小赞：

虹背珠皮，实饰刀剑。

误指为鲨，前人未辨。

然而他把这首赞的题目写成了《珠皮鲨赞》。明明自己前文写的是珠皮魟，写这首赞也是为了正魟之名，结果又写成鲨了。我怀疑他当时脑子已经乱了，鲨啊魟啊的，写错了。

## 鱼皮上的“眼睛”

魟鱼皮现在用在三个方面：装饰刀剑、做皮具和磨山葵。吃刺身时，很多人常用超市里卖的牙膏状“绿芥末”作配料。仔细看配料表，其实那大多是由一种廉价植物“辣根”做的。真正讲究的刺身餐厅不用辣根，用的是山葵，这是一种水生植物，日语念“wasabi”。吃法是把茎磨成泥。用什么磨？一个贴着魟鱼皮的木板。日本人叫鲛皮，中国人往往把它误译成鲨鱼皮。

现在中国皮具界管魟鱼皮叫“珍珠鱼皮”，总算跟鲨鱼不混淆了。不过，皮具界也有真正的鲨鱼皮。我写此文时，托朋友问一位做皮具的人，鲨鱼皮和珍珠鱼皮有什么区别？那人说："就跟你和新垣结衣的区别一样大（我朋友是个一米八的西北大汉）。"接着他发来一张鲨鱼皮钱包的图。皮的表面有一道道沟壑，也没有珍珠颗粒，和魟鱼皮天差地别。

市面上用魟鱼皮做的皮具，正中央区域往往有一个清晰的眼状白斑。这似乎成了一个标志，如果哪家皮具厂的魟鱼皮制品没有这个眼斑，会被顾客怀疑是假货。其实这个眼斑是人为加上去的，魟鱼原本没有这个斑，只在脊梁中央处有几粒格外大的珠鳞。它们组成了一个松散的眼状区域，这是魟鱼皮最好的一部分，所以工匠都喜欢把这个区域放在皮具中央，既美观，又是品质的象征。正仓院那把唐大刀的刀把中心，就能看到这几粒大鳞。

▲ 用鲛皮（魟鱼皮）做的磨山葵的工具

▼ 真正用鲨鱼皮做成的皮革沟壑纵横，且没有珠鳞

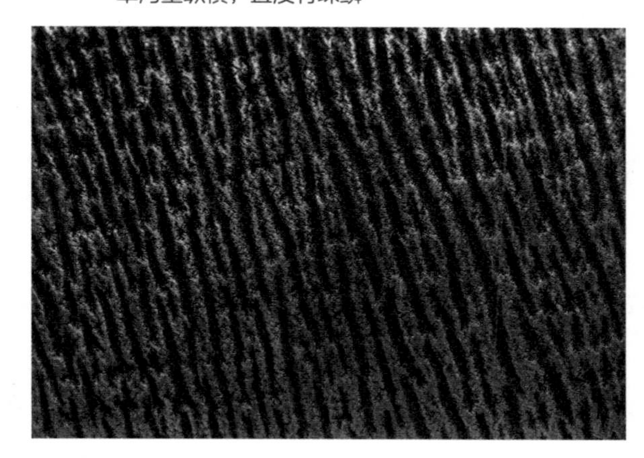

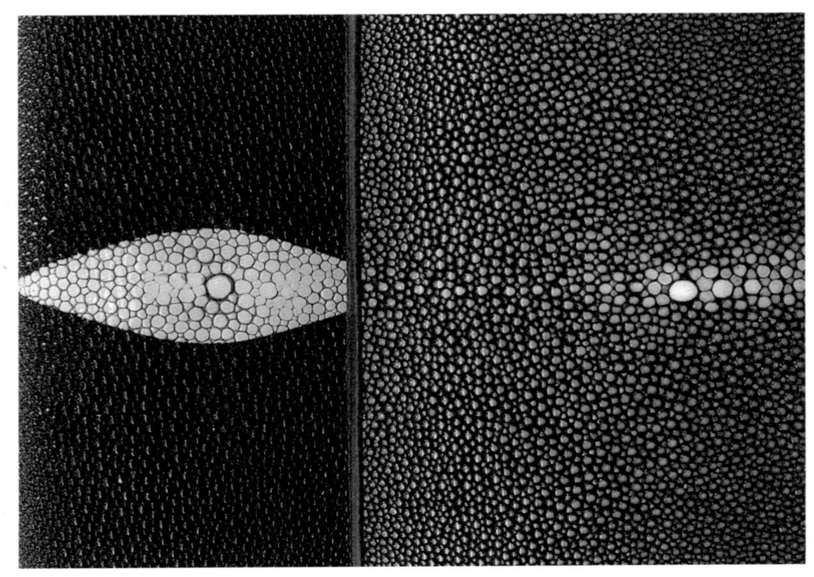

▶ 魟鱼皮表面覆盖着珠粒状的小圆鳞。在普吉岛的商店里，我找遍全店才寻得一个天然花纹的魟鱼皮钱包（右）。把它和人为加上白色眼斑的魟鱼皮钱包（左）对比，就能看出那些天然的大珠鳞是多么自然美丽，人造眼斑是多么匠气

后来，皮具商为了强调这个区域，就在鱼皮染色后，再把中央磨掉颜色或染成白色，造成一个边缘清晰的惨白眼斑。这种画蛇添足的匠气，毁掉了鱼鳞天然的排列美。但这种风格却成了主流。2018年我去泰国普吉岛，看到商店里卖的珍珠鱼皮钱包，99%都有这种人造眼斑。在写此文找资料时，我发现有一个厂子不愿做这个眼斑，于是不断被顾客质疑真假。老板不得不找来一条死魟鱼，手指着鱼背拍下视频，放到网上："看，这儿并没长着一个天然的眼斑！"

## 海错图笔记的笔记·魟鱼

◆ 魟鱼和鲨鱼都是由三叠纪的弓齿科鱼演化而来，关系很近。鲨鱼通常是瘦长体态，有尾鳍；魟鱼则是一个菱形的大扁片，没有尾鳍，有一根鞭子一样的尾巴，尾上有毒针。

◆ 魟鱼后背的皮很坚韧，鱼鳞像一粒粒珍珠互相挤在一起，所以中国的皮具界管魟鱼皮叫"珍珠鱼皮"。魟鱼皮的脊梁中央处有几粒格外大的珠鳞，是魟鱼皮最好的部分。

# 刀鱼、鲨鱼

## 【腹下如刀，饮而不食】

◎ 刀鱼是“长江三鲜”之一，《海错图》里有两种刀鱼，外形差别巨大，哪种才是正宗的呢？

刀魚産福寧海洋身狹長而光白如銀脊如鰳魚而窄腹下骨芒甚利按類書曰刀魚飲而不食非指此魚也謂鮆魚也鮆魚身小腹内無腸有飲而不食之理鮆魚字書作鱭刀字書有魛字鱭刀之刀當作魛又别有魛字以别魛魚則此魚當稱魛魚而從土俗則曰刀魚古人制字一字必有一物若槩稱刀魚則魛字将何着落乎

鱭魚字彙註鱭上聲刀魚飲而不食今按鱭魚腹中甚窄止有一血膘似無腸可食其腹下如刀爾雅翼曰刀魚長頭而狹薄腹背如刀故以為名與石首魚皆以三月八月出故江賦云鰶鱭順時而往還按鱭魚江南浙閩江海皆有而閩中四季不絕大者長尺餘兩邊划水之上更有長鬚如髯者各六莖拖下閩中呼為鳳尾鱭常州江陰産子鱭小短僅三寸餘即有子繇人炙乾其味甚美宦商常貽遠人按江陰志作鱭鯷鱭當與鱭同及考字彙則又註曰鱭上聲魚名並不註明是何種魚字彙鱴魛鱭魚也鱭鯷從此此渺小也亦作鮆其魚之來成行列也鱴魛象小刀之形别有魛魚則刀之大者矣

鱭魚贊

兩鬓蓬鬆魚中老翁
柰爾小弱只算幼童

刀魚贊

有物如刀不堪剖瓜
垂涎公儀見笑張華

# 组合式怪鱼

《海错图》中，有条大鱼格外吸睛。虽然体色单调，但又大又长，形似一把大铡刀。鱼腹密布锯齿，说是一把大锯子也可以。聂璜叫它“刀鱼”，说它“产福宁海洋。身狭长而光白如银，首如鳓鱼而窄，腹下骨芒甚利”。东南沿海有称带鱼为刀鱼的习惯，所以这是带鱼吗？不是。《海错图》中已有一幅《带鱼》图，且这幅《刀鱼》外形也不似带鱼。

那它是不是“长江三鲜”之一的刀鱼呢？更不是了。聂璜在旁边明确写道，长江里的刀鱼“非指此鱼也”。

这条鱼的头“如鳓鱼”。鳓鱼是标准的“地包天”，嘴朝上开。长这种嘴，身体银白又修长，加上鳍的位置，可以推测它是鲱形目宝刀鱼科的种类。聂璜又说此鱼“腹下骨芒甚利”，就是肚子上有小锯齿。这在鱼类学上叫“棱鳞”，鲱形目鱼类经常有这种结构，比如鳓鱼。但问题来了，宝刀鱼是没有棱鳞的！

我请教了几位鱼类学硕士、博士，他们也和我一样疑惑。按理说，棱鳞发达、头如鳓鱼的，应该属于锯腹鳓科，也就是鳓鱼所在的那个科，可这个科里没有体形修长到画中程度的成员。最后我们认为，这幅画还是宝刀鱼。尤其是此画的背鳍很靠后，和臀鳍位置相对，这个特点在鲱形目中只有宝刀鱼科才有。在各种证据都指向宝刀鱼的情况下，不能因为棱鳞一处疑问就否定全部。宝刀鱼虽然没棱鳞，但腹部边缘很薄，像刀锋。聂璜可能是有一个“这鱼肚子像刀”的印象，就把它错记成鳓鱼腹部那样的棱鳞了。

▼ 宝刀鱼应该就是《海错图》中画的“刀鱼”。只不过，真实的宝刀鱼，腹部并没有“骨芒甚利”

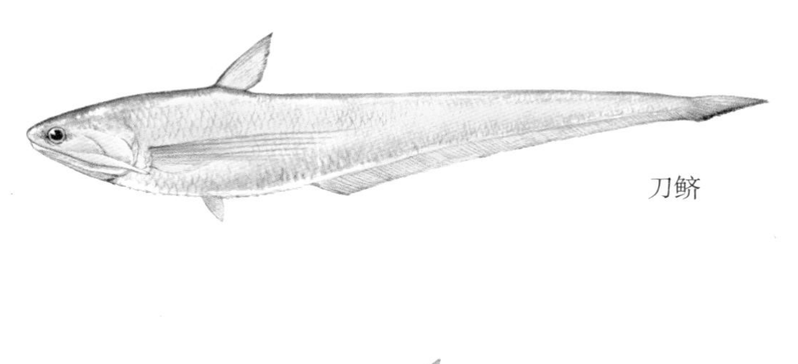


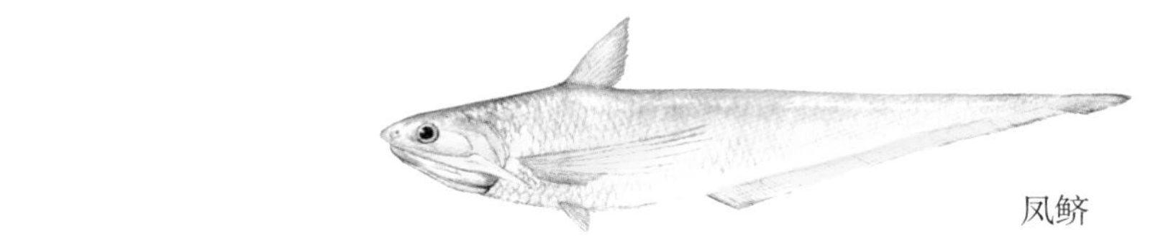


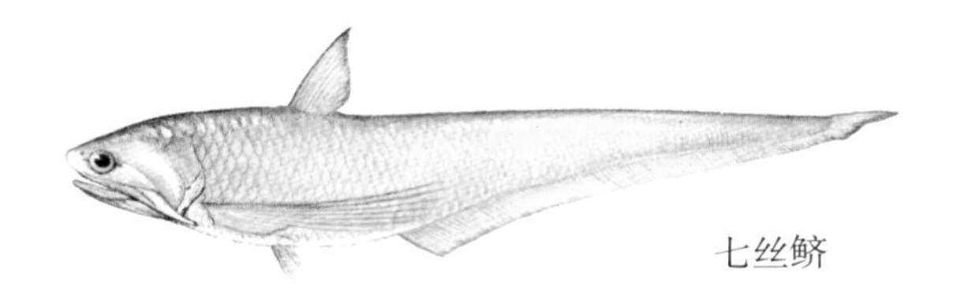


▲ 目前学界认为，中国只有三种鲚：凤鲚、刀鲚和七丝鲚

## 鮆就是鲚

“长江三鲜”之一的那种正宗刀鱼，聂璜也画了，不过他称之为“鮆鱼”。鮆鱼是刀鱼的古称。各种古书对这种鱼有个共同描述：“饮而不食。”此说言出有据。刀鱼是洄游鱼类，在海里正常饮食，只要开始往江里洄游，就停止进食了。它的消化道本来就不大，此时更小了，容易让人以为它没肠子，所以聂璜说：“鮆鱼身小，腹内无肠，有饮而不食之理。”

鮆字怎么念？聂璜引用了一本明清常用字典《字汇》中的说法：“齐，上声。”我查了下《字汇》，全文是：“鮆：在礼切，齐，上声。”上声就是今天汉语拼音的第三声，“齐”意为此字发音类似齐字。“在礼切”是古代的一种注音法：反切法。其用法是：将“在”字的声母和“礼”字的韵母用特定规律拼在一起，就是“鮆”的发音。

可我不论怎么拼，都发不出“齐”的音。请教了搞语言学的朋友，才知道常用的反切法是《切韵》音系，但《字汇》是另一路“杂凑音系”，规律非常复杂，不能按《切韵》音系去推。朋友告诉我：“《字汇》的音不用管反切，直接读直音加声调就行。”鮆在《字汇》里的直音就是那个“齐”，齐的上声，按理说念“qǐ”。

但中国人民大学的学者高永安认为，《字汇》的直音与众不同，来自《字汇》作者老家明代安徽宣城的方言，还要加一个“浊上变去”的规律，所以鮆在此处应该念“qì”。

鮆在别的韵书里，还有“jì”“cǐ”等读音，好在不管它读什么，字义都等同于“鲚（jì）”。聂璜说鮆在《江阴志》里写作鲚，所以他怀疑“‘鲚’当与‘鮆’同”。确实如此，今天，鮆已经被视为鲚的异体字，基本不使用了。而鲚，是鲱形目鳀科鲚属的统称，饮而不食的长江刀鱼，就是鲚属的。

和宝刀鱼不同，鲚的腹下有锯齿状的棱鳞，即《本草纲目》所说“腹下有硬角刺，快利若刀”。明代的《异鱼图赞》甚至说它“可以刈（音yì）草”。估计割两三根草还行，割多了鱼就得断了。

鲚属还有个特点，上颌骨的末端向后伸出两个角，像两撇胡子。聂璜画出了这个特点，不过准确度欠佳：画中两个角的末端没达到鳃盖，而中国的鲚属鱼类，这两个角应该达到或超过鳃盖的边缘才对。

## 位一体江湖海

在刀鱼产地，经常能听到湖刀、江刀、海刀的说法。海刀是生活在海里的刀鱼，其中一些洄游进江里就变成江刀，而湖刀一辈子生活在湖里，不洄游。三者之间差距甚小，很多人都不能分辨。

在这个问题上，科学界也迷糊了很久。中国境内记载过八种鲚，但有的是错误记载，有的是同物异名。这都怪各种鲚之间长得又像，变异又多。鱼类学家袁传宓经过厘定，认为中国有四种鲚：刀鲚、短颌鲚、凤鲚和七丝鲚。其中，刀鲚就是正统的刀鱼，生活在海里时算海刀，洄游进江就是江刀。太湖、巢湖里还有一种定居在淡水中的“湖刀”，袁传宓叫它“湖鲚”，作为刀鲚的亚种。短颌鲚定居在洞

▲ 定居在太湖里的“湖刀”，早在《山海经·南山经》中就有记载：“浮玉之山，苕水出于其阴，北流至于具区，其中多鮆鱼。”浮玉之山即今天杭州天目山，苕水是今天的苕溪，具区是太湖的旧称。这是明代蒋应镐绘制的《山海经》插图，水中的鱼即为鮆鱼

▲ 2017年12月，江西鄱阳湖的渔民正在晾晒“凤尾鱼”。它是刀鲚中一个定居淡水的种群，曾用名“短颌鲚”，数量很多

▲ 常见的凤尾鱼罐头，一般用海中的凤鲚和七丝鲚做成

庭湖、鄱阳湖、长江中下游等淡水中，也算湖刀吧。凤鲚和七丝鲚生活在海里，洄游时只到河口，不往里深入，所以算海刀。

但是近年来的分子生物学研究发现，短颌鲚和湖鲚并非有效物种，只算得上刀鲚的淡水型种群而已。所以，现在我国鲚属只有三个有效物种：刀鲚、凤鲚和七丝鲚。其中凤鲚最早出现，它在演化中为了适应南方温暖海域，分化出了七丝鲚；为了适应寒冷的北方海域，分化出刀鲚。刀鲚又有一部分定居河湖，形成了淡水种群。

聂璜说鲨鱼"两边划水之上，更有长鬣如须者，各六茎拖下"，这说的肯定是刀鲚或凤鲚。因为刀鲚、凤鲚的胸鳍上缘都有6根特长的、游离的丝状鳍条，但七丝鲚有7根（它的名字就是这么来的），所以肯定不是它。

聂璜又说："常州江阴产'子鲨'，小短，仅三寸余即有子。"这应该是刀鲚的小型淡水种群，即所谓"短颌鲚"，它体型比洄游型刀鲚小一半还多，洄游型刀鲚能长到40厘米，但短颌鲚长到12厘米就能怀卵了。也可能是凤鲚，它分长江、闽江、珠江三个种群，属长江的种群最小，不超过20厘米。虽然它在长江口产卵，但很有可能被渔民捞起来，运到常州、江阴一带售卖，那里是刀鱼著名的销售集散地。

## 口味玄学

食客认为，只有江刀堪称美味，湖刀和海刀都相当一般。这倒是有些道理。江刀洄游到靖江、江阴一带时最好吃。此时它刚离海不久，也刚入江不久，属于正在向淡水鱼转化的海水鱼，兼具二者的优点。而且此时它体内积攒了大量脂肪，这也是好吃的一大原因。中国水产科学研究院测量过，江刀的粗脂肪含量是海刀的2.03倍。海刀要么是还没到攒脂肪的时候（洄游型刀鲚的海生阶段），要么只洄游到河口，用不着攒那么多营养，而且体型比刀鲚小很多（七丝鲚、凤鲚），自然不如江刀。湖刀就更别说了，根本不洄游，也就谈不上积攒脂肪，身体很薄，味道最下。

不过，这种差异外行未必能辨别，尤其是那些已经攒好脂肪但还没进入淡水的海刀，更是和江刀无甚差别。每到刀鱼季，都会有贩子捞来海刀、湖刀，当江刀卖。

另一种差别就更难分辨了。天下都以长江刀鱼为尊，其实除了长江，北到辽宁，南到广东，乃至朝鲜和日本，只要是通海的江河，都会有刀鱼游入。拿钱塘江来说，那里的洄游型刀鲚品质和长江的差不多，在当地只卖几十到上百元一条，可一旦被商人运到长江两岸，标上“长江刀鱼”，就能翻十几倍的价格。

江刀只有在产季那几天最贵，越往后越便宜。有人干脆把后捕到的刀鱼放进冰柜，冻上整整一年，到第二年产季再拿出来冒充新捕刀鱼来卖。

## 除刺秘法

刀鱼的刺极多，是品尝时的一大障碍。人们用很多方法来应对。简单的是煎炸、烤制伺候，把刺弄酥。聂璜说，江苏人会把子鲞“炙干，其味甚美”。

但清代美食家袁枚很鄙视这样吃。他看到南京人干煎刀鱼，大呼：“‘驼背夹直，其人不活’，此之谓也！”认为南京人为了对付

▲ 清蒸刀鱼

▲ 上海餐厅“老半斋”每到春季就推出刀鱼面，引发市民排队购买

刺而炸了刀鱼，实在是捡芝麻丢西瓜。

对于江刀，有更讲究的吃法。首先要选择清明前的鱼，“明前鱼骨软如绵，明后鱼骨硬似铁”。《清稗类钞》的去刺法是“以极快之刀刮为片，用箝去其刺”。还可以把鱼肉剁茸，包刀鱼馄饨。

每到春天，江南的餐馆还会有刀鱼面上市。传说中的做法是把刀鱼钉在锅盖底下，锅里放水，盖上盖煮。几个小时后，鱼肉被热气煮化，落进汤里，刺却留在锅盖上。听起来很玄乎，我很怀疑其可行性。反正现在的饭馆没有这么做的，都是把刀鱼炒成鱼松，包入布包扔进水里，和猪蹄、火腿、鸡骨一起炖。把面条按苏式的“鲫鱼背”码法，整齐地码在碗中，浇上炖好的刀鱼汁即可，一般不加其他浇头，顶多来块肴肉。很多江南人春天不来这么一碗，就算没完成任务。

但是，现在普通餐馆卖的刀鱼面、刀鱼馄饨，就算标榜长江刀鱼，也基本不是江刀，而是湖刀或海刀。现在江刀太贵了，太少了，像样的江刀甚至不会进入市场，直接供给特定买家享用。

## 刀难求？

长江里曾经有很多刀鱼。

1973年，江刀年产量有3910吨。当时的老照片上，随便一条小船就能捞上满满好几筐刀鱼，而且都是大鱼，每条3两往上。80年代，一网捞到几百斤也是常事，甚至有单网5000斤刀鱼的纪录。据渔民回忆：“那时候吃刀鱼就跟吃白菜一样。”90年代初的长江江苏段，清明前的刀鱼1斤只卖3毛钱，清明后降到几分钱，跟草鱼价格差不多。刀鱼“大年”时，多到没人吃，用来喂猫。直到2001年，还出现过一次江刀“大喷”，鱼商去江上收鱼都不敢开普通小艇，因为装不下。

但是近几年，产量降到了匪夷所思的程度。2014年刀鱼产季时，江苏南通捕刀鱼的船反而大部分都停在渔港里。渔民说：“出去一次亏死了！”有渔民忙活了6个多小时，只收获两条刀鱼，“连支付油钱和工钱都不够”。

2004年时，南京市渔政部门的专家算了一笔账：以一条长江刀鱼洄游100公里计算，它途中会遇到上百张渔网。江里到处采砂、筑坝

▲ 在中国鲚属鱼类中，洄游型刀鲚是体型最大的

也破坏了刀鱼的产卵场，水质污染也是大问题。现在长江里的鱼，往往带有柴油味，导致有些贩子卖养殖鱼时，为了假充野生鱼，还要往上洒柴油，使其散发“长江味”。刀鱼也未能幸免。曾有报道，有些渔民捕上的刀鱼带有“火油味”。钱塘江的刀鱼也面临污染的威胁。2013年，捞刀鱼的渔民向记者反映：“以前钱塘江边没有化工企业的时候，渔网用一年多也只是颜色发黄，现在网放到水中几天，颜色就会变紫、变红。”

把长江洄游型刀鲚从20世纪70年代至今的数据放在一起看，刀鱼的体长、体重、年龄都明显地小型化了，这表示大型的壮年个体已经被严重过度捕捞，最后侥幸来到产卵场的，都是小型鱼。这会导致它们的后代越变越小。

与此同时，研究者还发现一个相反的现象：在长江口沿岸的各种小鱼中，就属刀鱼幼体多，达到了55.2%～64.4%。研究者因此认为，长江洄游型刀鱼的大鱼被捞惨了，可小鱼还很多，只要保护力度大，一定可以恢复资源。我对此却有疑问：他们取样的长江口，也是一部分淡水型刀鲚和凤鲚的繁殖地，不能把所有幼体都算作洄游型刀鲚。所以，情况可能并没那么乐观。

▼ 2018年4月16日，从长江口捕到的刀鲚。这一网只抓到4条

其实，鲚属鱼类生命力是很强的，虽然江刀岌岌可危，但湖刀和海刀都很多。太湖刀鱼甚至越来越多，20世纪50年代年产2296.8吨，到2000—2003年，已是16 910.8吨。2004年，更是占了太湖所有渔获物的78%，具有绝对优势。所以，如果进行有力的保护，江刀恢复元气不是没有可能。当然，关键在那个“如果”。

## 全 人工奇迹

在恢复资源之前，人工繁殖是一条必经之路，可科研人员屡屡碰壁。江刀属于“强应激性鱼”，说白了就是容易激动，被捞出水后一赌气就死了，就算侥幸成活，接下来的运输、入池，每个步骤稍受刺激，都会大量死鱼。

后来人们用了“灌江纳苗”法，就是把江水引到鱼塘里，水中的江刀野苗也就顺着进了塘。等鱼长大后，再用水流刺激，让它们性腺成熟，在池塘中自然繁殖。全程没有人为刺激，成活率提高了不少。但每条刀鱼性成熟的时间并不同步，靠它们自己繁殖，效果不好。

那人就搭把手，帮个忙吧！大家按照养其他鱼的办法，抓住刀鱼，挤压肚子，把精子和卵子挤到一个盆里，搅拌使其受精。可是，刀鱼的应激性实在太强了，挤完之后，亲鱼少则吓死一半，多则全死光。

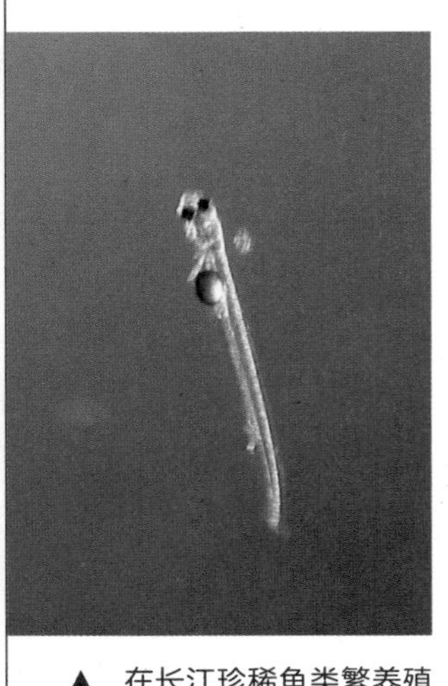

▲ 在长江珍稀鱼类繁养殖基地，这条人工繁育的长江刀鱼苗已经生长了11天

上海水产研究所决定改变一下刀鱼的脾气。他们发明了“拉网锻炼”技术，定期在水中拉网，让刀鱼受到有限度的惊吓，几次之后，它们的胆子就大了，能耐受一定的刺激。

为了避免纯淡水养殖把洄游型刀鱼养成“湖刀”，研究所在秋季逐步提高水的盐度，冬季采用当地河口半咸水，春季再降盐，夏季纯淡水，这就模拟了刀鱼先入海、再回江的洄游历程。等鱼成熟后，用大桶把鱼轻柔捞起，转到催产池，全程让鱼不离水。然后在胸鳍下温柔注射催产激素，让它们自行交配产卵。

这样做的效果非常好，受精率达到80.6%，亲鱼也不会死。2013年，上海水产研究所首次实现了苗种的规模化生产；2014年，中国水产科学研究院建立了刀鱼的全人工繁育技术体系，还开发了刀鱼苗的抗应激运输技术，运输成活率达到95%以上，小苗不会被吓死了，也

► 2012年，江苏南通，长江珍稀鱼类繁养殖基地的工作人员小心地托起一条活刀鱼。它是人工养殖的，已经3岁了

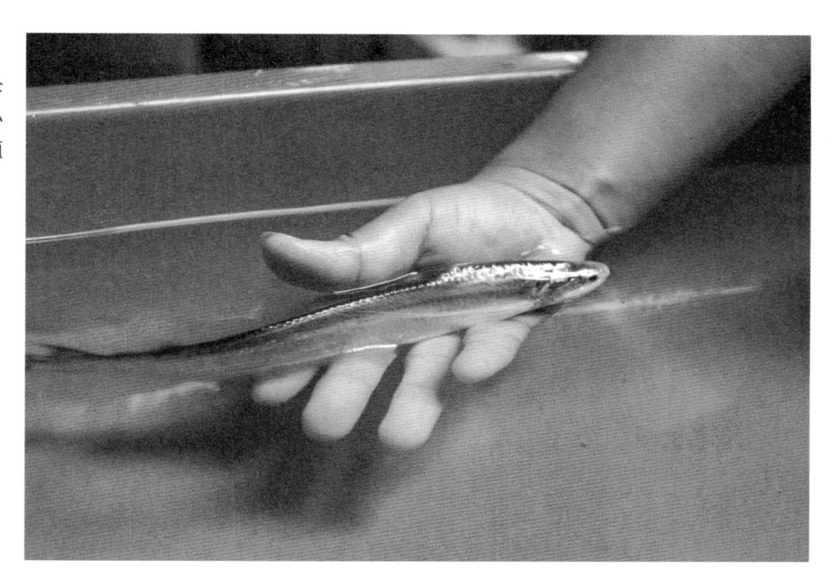

就不必非要灌江纳苗了。

现在，全人工养殖的刀鱼已经开始推广，预计以后能卖到500~1000元/斤。不要觉得贵，这比野生的便宜多了，野生大刀动辄上万一斤。但食客会不会接受人工繁育的刀鱼，是个问题。毕竟很多人还是认定，野生的就是比养殖的好。

## 海错图笔记的笔记 · 刀鱼

◆ 刀鱼有海刀、江刀、湖刀的说法：海刀是生活在海里的刀鱼，其中一些洄游进江里就变成江刀，湖刀一辈子生活在湖里，不洄游。三者之间差别很小。

◆ 根据分子生物学研究，我国鲚属有三个有效物种：刀鲚、凤鲚和七丝鲚。其中凤鲚最早出现，它在演化过程中为了适应南方温暖的海域，分化出了七丝鲚；为了适应北方寒冷的海域，分化出刀鲚。刀鲚又有一部分定居河湖，形成了淡水种群。

# 双髻鲨、云头鲨、黄昏鲨

## 【龙宫稚婢，头挽双髻】

◎ 《海错图》中有三种头如斧子的鲨鱼，现实中真的有鲨鱼和它们一一对应吗？有，也没有。

黄昏鯊頭亦如雲頭但色白灰
而背有白點其魚大者長四五
尺其肉不美漁人不樂有也
黄昏鯊賛
夕陽真好惜近黄昏
唐人詩意魚竊其名

雲頭鯊頭薄濶一片如雲狀雖似雙髻而色稍黑較雙髻為畧大大亦止三觔內外又名黄昏其味不甚美按鯊中雲頭雙髻其狀可為奇矣而爾雅翼不載止云鯊有二種而諸類書亦因畧之盖著書先賢多在中原實未嘗親歷邊海不得親覩海物也張漢逸曰鯊名甚多匪但中原人士不及知即吾閩中亦不能盡識予老於海鄉畧知一二請於雙髻雲頭而外更為舉而辨之如爾雅翼所云大者為胡鯊謂長喙如鋸則指鯀鯊矣不知胡鯊自有胡鯊非鯀鯊也胡鯊最大者可合抱其色背青而肚純白其肉亦白無赤肉夾雜者名白胡最美頭鼻骨皆軟肥脆其翅極美肚勝豬胃閩省人多切以為膾為下酒佳品又有水鰽鯊狀如胡鯊但肉不堅烹之半化為水名破布鯊價廉於胡又有油鯊肉多膏烹食勝他鯊而總以潜龍鯊為第一

雲頭鯊贊

鯊首雲冲騰起虗空
問欲何為曰予從龍

雙髻鯊亦如雲頭而小身微灰色而白不易大肉細骨脆而味美

雙髻鯊贊

龍宮稺婢頭挽雙髻
龍母妒逐不敢歸第

# 在宋朝登场

海里有很多种鲨鱼，但长久以来，中国人对鲨鱼并不太了解。

直到北宋时，《图经本草》《证类本草》等书才列出了两种鲨鱼："其最大而长喙如锯者，谓之胡沙，性善而肉美；小而皮粗者曰白沙，肉强而有小毒。"实际上这两种在今天看来还不是真正的鲨鱼。胡沙是锯鳐，白沙或为某种魟鱼。

聂璜常用的工具书——南宋的《尔雅翼》，也如此记载。他手头的其他工具书"亦因略之"。聂璜对古人表示理解，他说："盖著书先贤多在中原，实未尝亲历边海，不得亲睹海物也。"他的福建朋友张汉逸也说："鲨名甚多，匪但中原人士不及知，即吾闽中亦不能尽识。"

其实聂璜看的书不够全。南宋时，中国人已经记录了很多鲨鱼。南宋淳熙九年（1182年）的《三山志》（今福州一带的地方志）里记载了胡鲨、鲛鲨、帽头鲨三种鲨。宝庆二年（1226年）的《四明志》（今宁波一带的地方志）列了更多，"白蒲鲨、黄头鲨、白眼鲨、白荡鲨、青顿鲨、乌鲨、斑鲨、牛皮鲨、狗鲨、鹿文鲨、鲼鲨、魴鲨、燕尾鲨、虎鲨、犁到鲨、香鲨、熨斗鲨、丫髻鲨、剑鲨、刺鲨"，多达20种。

其中，"帽头鲨"和"丫髻鲨"同指一类头部怪异的鲨鱼。《海错图》中，这类鲨鱼有三种，分别被标注成黄昏鲨、云头鲨和双髻鲨。

◀ 在1804年的《论博物学》中，可以看到一条锤头双髻鲨和一条噬人鲨（大白鲨）的手绘图。锤头双髻鲨的头部细节被特意画了出来。作者戈特利布·托比亚斯·威廉是巴伐利亚的博物学家

▲ 丁字双髻鲨的头部向两侧极度延伸，是长得最夸张的双髻鲨。《中国动物志》记载，有学者在海南昌化采到过它的标本



## 三种差不多的鲨

这三种鲨长得差不多，头部都扁扁的，向两侧延伸，像古代女子的丫髻。它们属于今天的双髻鲨科。聂璜给出了三者之间的区别：

双髻鲨个子最小，“身微灰色而白”。

云头鲨“虽似双髻（鲨）而色稍黑，较双髻为略大，大亦止三斤内外”。

黄昏鲨最大，“色白灰而背有白点。其鱼大者长四五尺”。

说实在的，这些特征没什么参考价值。世界上一共有九种双髻鲨，没有一种背上有白点。聂璜在《海错图》中经常给动物加上莫名其妙的白点，要么尾巴上点一个，要么沿着脊梁点一溜儿。不知这是他特有的审美，还是渔民为他画示意图时随手点的，被他当真了。

他描述的体色深浅、个体大小也不能作为鉴定的凭证，而且从他“云头鲨……又名黄昏”的文字看，聂璜对如何区分双髻鲨的种类也是一脑子糨糊。其实在现代分类学中，鉴定双髻鲨最可靠的方法，是看它的头部轮廓。

中国有二属四种双髻鲨，看脑袋就能顺利区分。丁字双髻鲨属只有一种：丁字双髻鲨。它的头部两翼特别长，长到让人担心随时会断。双髻鲨属有三种，头翼都较短，可以这样区分：头部前缘中央凸出的是锤头双髻鲨，前缘中央凹陷且鼻孔处较平滑的是无沟双髻鲨，前缘中央凹陷且鼻孔处深凹的是路氏双髻鲨。

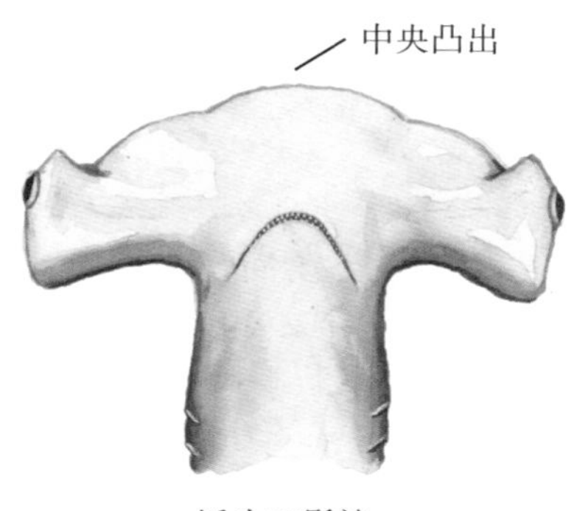


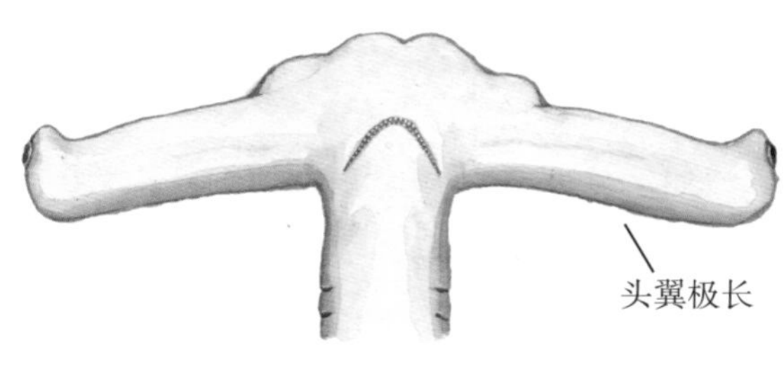


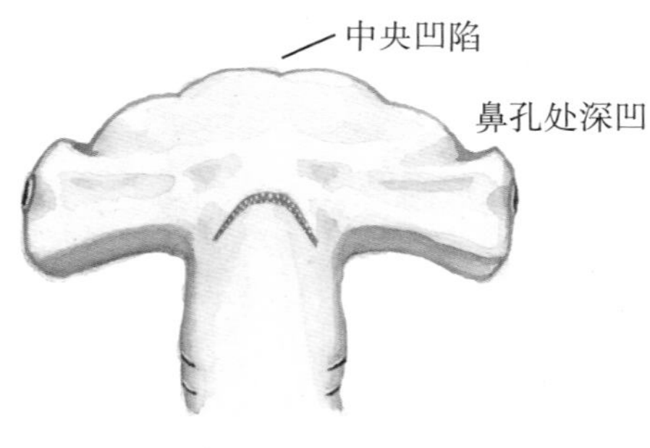


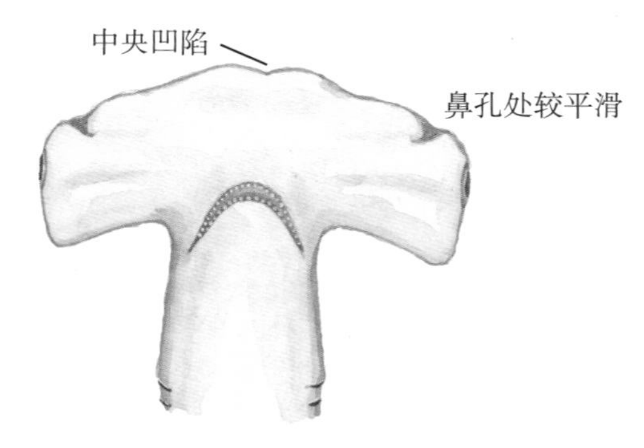


▲ 中国产四种双髻鲨的区别

《海错图》中这三种鲨，头翼都不长，可以肯定不是丁字双髻鲨。那幅“双髻鲨”，头前缘中央凸出，应该是锤头双髻鲨。“黄昏鲨”和“云头鲨”的前缘中央凹陷，可能是无沟或路氏。但是，鉴于聂璜在文字里压根儿没提到头形的差异，所以画中的头形不同，许是他无心造成的，不能太当真。

所以我“庄严宣告”：这三幅画，只能定到双髻鲨科双髻鲨属，定不了种。

## 脑袋的用法

聂璜写了一首《双髻鲨赞》来揶揄双髻鲨的头形：

龙宫稚婢，头挽双髻。

龙母妒逐，不敢归第。

女主人妒忌丫鬟的美貌，在民间故事里很常见。不过连长成双髻鲨这德行的丫鬟都妒忌，是不是也太不开眼了？

聂璜没有解释双髻鲨怪异的头部是做何用途的，不过在其他古籍里，能看到些许记载。《南越志》载："鐇（音fān）鱼，鼻有横骨如镭（音fán，宽刃斧或铲形工具），海船逢之必断。"《吴都赋》载："王鲔鯸鲐，鲫龟鐇鲭（音què）。"注解说："鐇鲭，有横骨在鼻前，如斤斧形，东人谓斧斤之斤为镭，故谓之鐇鲭也。"

鲭在《康熙字典》里的解释是："鱼名，出东海……生子在腹中……鲛鱼皮，即装刀靶鲭鱼皮也。"胎生、皮能饰刀靶，明显是鲨或魟。再加上鼻前有斧状、铲状横骨，所以鐇鱼、鐇鲭肯定是双髻鲨了。

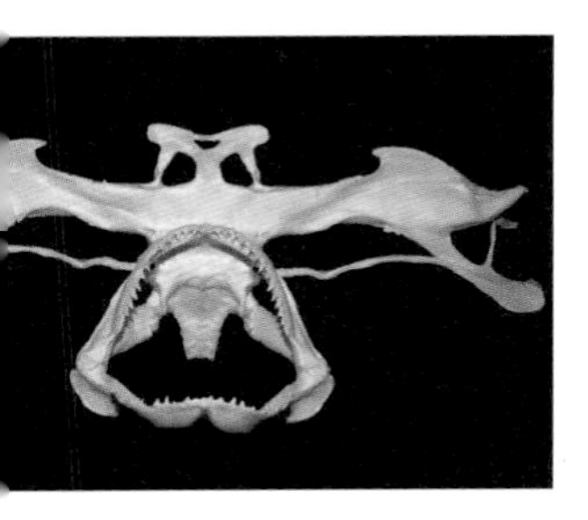

▲ 双髻鲨的头骨"鼻有横骨如镭"

古人猜测这"横骨"连船都能撞断，其实不然。这种结构是相当脆弱的。"海船逢之必断"，真要断的也只能是横骨，不是海船。直到今天，科学家也没搞清双髻鲨头部为何长这样，只有几个假说：

▲ 双髻鲨的鼻孔间距很宽，利于辨别气味的来源

1. 提高泳技。2003年，美国生物学家史蒂芬·卡丘拉（Stephen Kajiura）发现路氏双髻鲨的急转弯速度是普通鲨鱼的两倍，可能大脑袋一扭能带来更大的惯性和稳定性吧。

2. 压住猎物。双髻鲨喜欢游到浅海寻找趴在沙子上的比目鱼、魟鱼、鳐鱼。这几种猎物的身体都是扁片状的，跟双髻鲨的脑袋正好配套。20世纪80年代，人们在巴哈马群岛观测到，有条魟鱼趴在海底，一条3米长的无沟双髻鲨游到它上方，魟鱼想逃跑时，双髻鲨直接用脑袋把魟鱼按回海底，吃掉了它。

3. 增强嗅觉和视觉。双髻鲨的眼睛在头翼两端，视野广。两个鼻孔也相隔特别远，远到足以辨明哪个鼻孔先闻到食物的味道，迅速定位食物的位置。

4. 感应生物电。科学家发现，双髻鲨在觅食时，总是一边贴着海底游，一边左右摆动头部，就像用探雷器探雷一样。解剖后可以看到，它的头翼腹面密布着电感应器，即使猎物藏在沙子里，也能感应到猎物的生物电。

▼ 游到浅海的双髻鲨，用探雷器般的头部“扫描”海底，寻找沙中的猎物。双髻鲨头部的腹面密布电感应器，能识别出埋在沙子里的比目鱼、鳐鱼等猎物的电信号

▶ 美国佛罗里达州海域的窄头双髻鲨，正在海草床上觅食。这么密的海草，捕食时很容易把海草一起吞下去，窄头双髻鲨可能因此练成了消化海草的能力

## 吃草的鲨鱼

这几条之所以是假说，是因为它们各有疑点。像“压住猎物说”，只适用于一些大型的、爱吃“扁片鱼”的种类，比如能长到六米长的无沟双髻鲨。但其他以甲壳动物和乌贼为食的小型双髻鲨也这样使用脑袋吗？还需要更多观察。

有个更怪的反例，来自窄头双髻鲨。它在双髻鲨中算非常迷你的，只有一米左右长，头翼很小。以前人们以为它光吃肉，但2007年，科学家解剖了一些墨西哥湾的窄头双髻鲨，发现它们的胃里有大量海草，甚至占到胃容物的一半。

科学家来了兴致，抓了五条窄头双髻鲨养起来，喂它们吃“鱿鱼海草卷”——用鲜鱿鱼片包起一把海草，表面是肉，其实90%是草。窄头双髻鲨很爱吃，一口一个。

喂了三个礼拜，上秤一称，五条鲨鱼全胖了。而且从粪便看出，它们消化了一半以上的海草，从肠道中也提取出了消化植物的酶，甚至在鲨鱼的血里还发现了大量来自海草的物质。它们真的可以消化海草！

考虑到窄头双髻鲨觅食的地方往往是长满海草的“海底草坪”，所以它可能是在这里抓螃蟹和鱼时，不可避免地吃进了海草，时间长了，慢慢演化出消化海草的本事。

# 游向濒危

《海错图》中，聂璜对三种双髻鲨的介绍只有三言两语，其中有不少都是谈口感。他说“双髻鲨……肉细骨脆而味美”，而黄昏鲨则是“其肉不美，渔人不乐有也”。

直到如今，市场上还能见到双髻鲨。2013年6月18日，一位摄影家在舟山某海鲜市场看到200条路氏双髻鲨正在出售，发微博说：“这是濒危物种，一条食街一天就消灭了这么多尾，能不濒危吗？”结果被一些当地人抗议，说自己小时候市面上就有双髻鲨卖，没听说是濒危物种。在网友举报后，这位摄影师还一度被微博认定为“发布不实信息”，被禁言。

不过一些科普博主很快纠正，路氏双髻鲨确实被世界自然保护联盟评为“濒危”等级，无沟双髻鲨也是濒危，锤头双髻鲨则是易危。虽然世界自然保护联盟没有法律效力，评为濒危不代表不能买卖，但摄影家说路氏双髻鲨濒危，还是所言不虚。微博后来很没面子地解除了他的禁言。

▼ 双髻鲨在迁徙时会聚成大群，被潜水爱好者称为“锤头鲨风暴”。在南沙群岛的弹丸礁海域就可以看到这一壮观景象

▲ 厄瓜多尔的圣罗莎，渔港堆满了双髻鲨。一名少年正在割下它们的鱼鳍

舟山百姓虽然从小就见惯了双髻鲨，但他们不知道的是，近年来捕捞业的发展让双髻鲨数量急剧下降。和其他鲨鱼不同，双髻鲨喜欢聚成庞大的群体迁徙，这是海洋中最壮观的景象之一，被潜水爱好者称为“锤头鲨风暴”。加拉帕戈斯群岛、日本与那国岛、中国南沙群岛的弹丸礁（注：目前被马来西亚非法侵占）都是锤头鲨风暴的观赏地。但正因如此，双髻鲨很容易被渔网一锅端。就算渔民没有故意捕鲨，在捕捞其他鱼时也会连双髻鲨一起捞上来，这种“误捕”目前几乎无解。

所以，还没等沿海百姓反应过来，双髻鲨就已经纷纷濒危。2014年9月，路氏双髻鲨、锤头双髻鲨和无沟双髻鲨更是被《濒危野生动植物贸易保护公约》（CITES）列入附录Ⅱ，这个公约具有法律效力，附录Ⅱ里的动物等同于中国国家二级保护野生动物，未经野生动物主管部门许可不得出售。

那位摄影师爆料的时间，在公约正式生效前几个月，所以在法理上还可以买卖双髻鲨。但公约生效后又如何呢？我的朋友小黑，2017年在浙江台州拍摄到路氏双髻鲨被摆在菜市场上。另一位朋友林老师也告诉我，厦门的海鲜批发市场依然能见到双髻鲨。

被龙母赶出龙宫的双髻鲨，躺在菜市场的碎冰上。此时的“她”，不是“不敢归第”，而是不能归第了。

## 海错图笔记的笔记·双髻鲨

◆ 中国有四种双髻鲨：丁字双髻鲨的头部两翼特别长；锤头双髻鲨头部前缘中央凸出；无沟双髻鲨头部前缘中央凹陷且鼻孔处较平滑；路氏双髻鲨头部前缘中央凹陷且鼻孔处深凹。

◆ 双髻鲨头部的作用可能有：提高泳技，压住猎物，增加嗅觉和视觉，感应生物电。

◆ 窄头双髻鲨只有一米左右长，头翼很小，可消化海草。

# 章鱼、章巨、鬼头鱼、寿星章鱼

## 【以须为足，以头为腹】

◎ 软体动物门的动物，大多给人低等、无灵魂、一摊肉的印象，如蛤蜊、海螺、蛞蝓等。但章鱼仿佛是被上帝亲吻过一样，身体灵活，智力超群，外形竟和人类颇似，和它那些傻乎乎的亲戚完全不同。在《海错图》中，它频频化现为异物。

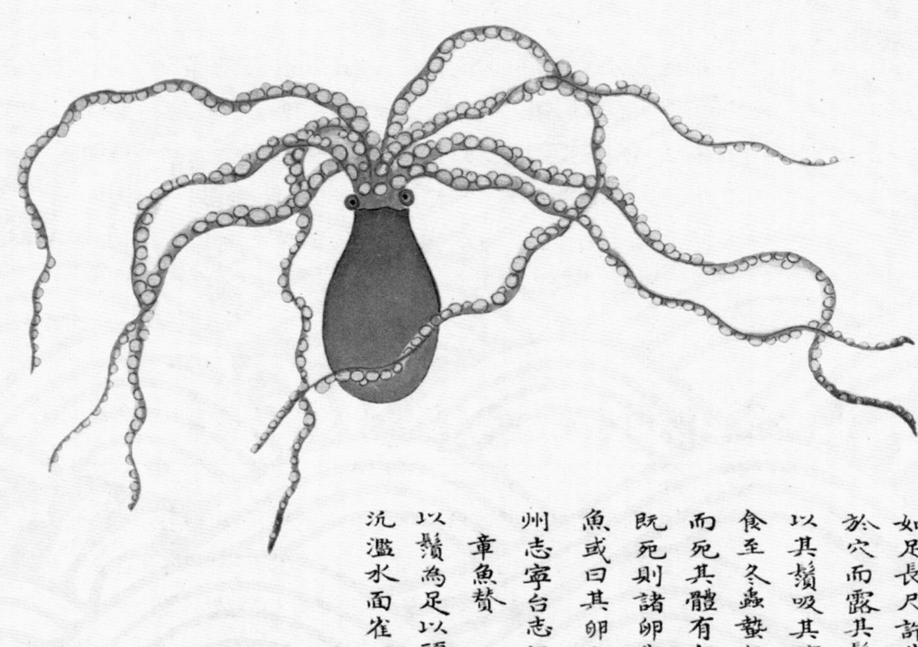

章魚産浙閩海塗中乾之閩人稱為章花浙東稱為望潮乾活時身大如鷄卵而長八鬚如足長尺許其細孔皆粘吸諸物嘗潛其身於穴而露其鬚蝤蛑大蟹欲垂涎之章魚陰以其鬚吸其臍而食其肉其餘諸蟲多為所食至冬蟲蟄無可食章魚乃自食其鬚至盡而死其體有卵如豆芽狀食者取此為美章既死則諸卵散出泥塗至正二月又成小章魚或曰其卵亦似蝗九十九子未驗閩志潮州志寧台志俱載有章魚諸類書無

章魚贊

以鬚為足以頭為腹
沆瀣水面雀不敢目

章巨贊一名泥婆

雌雄有別魚蟹蝦螺
墨魚之妻應是泥婆

章巨似章魚而大亦名石巨或云即章魚之老於深泥者大者頭大如匏重十餘觔足潛泥中徑丈鳥獸限其間常捲而啖之海濱農家嘗畜母彘乳小豕一羣於海塗間每日必失去一小豕農不解久之止存一母彘一日忽聞母彘啼奔而來拖一物其大如斗視之乃章巨也蓋章巨之鬚有孔能吸粘諸物難解小豕力不能勝皆為彼拖入穴飽啖母彘則身大力强章巨仍以故智欲并吞之孰知反為母彘拖拽出穴海人驚相傳始知章巨能食豕

章巨有章巨之種四月生子入泥塗秋冬潛於深水至煖始出漁者以網得之此物生風人多不敢食食之常生斑惟服習於海上者食之無害

# 扑朔迷离的词源

《海错图》中有这样两条章鱼。

一条很小，但腕足特别长，曰“章鱼”。另一条身体巨大，腕长度适中，曰“章巨”。聂璜说它“似章鱼而大，亦名石巨。或云即章鱼之老于深泥者。大者头大如匏（音páo），重十余斤”。看来，聂璜认为“章巨”的“巨”是巨大的意思。

但“章巨”只是这个名字的写法之一。唐代韩愈的《初南食贻元十八协律》里叫它“章举”，刘恂的《岭表录异》里写作“石矩”“章举”。与聂璜同时代的《格致镜原》载：“章举，一名章鱼，一名章拒，一名章锯。”《通雅·释鱼》：“章举、石距，今之章花鱼、望潮鱼也。”考虑到最早的两笔记录（韩愈、刘恂）都记载的是岭南对章鱼的称呼，所以“zhang ju”“shi ju”应为唐代岭南人对章鱼的方言称呼，文人用不同的字为其记音，就产生了这诸多写法。而且《岭表录异》还说：“石矩……身小而足长。”既然身小，那“ju”就不是“巨大”的意思了。后世文献里“章锯，以其足似锯也”“石拒，居石穴，人取之，能以脚黏石拒人，故名”等解释，更是望文生义了。

中国海洋大学的杨德渐、孙瑞平二位老师认为：“（章鱼）因运动时躯干部高举而疾行，腕吸盘圆润似图章，故名章举。”听上去挺合理，但问题是没有古籍这样解释过。相反，古人对章鱼吸盘的描述为“有肉如臼”（《阳江县志》）、“每足阴面起小圈子，密比蜂巢，错如莲房”（《然犀志》）、“脚皆列圆钉，有类蚕脚”（《记海错》），没人说像图章。而且乌贼、鱿鱼也有吸盘，怎么就不以章为名呢？

章鱼为什么叫章鱼，竟是一桩悬案。

▼ 章鱼能在短时间内爬出水面，从一个水坑爬向另一个水坑

## 滩涂猛兽

《海错图》中的那条“章鱼”，特点是身体小、腕极长，应该是中国浅海极为常见的“长蛸（音xiāo）”（注：章鱼还有个名字叫“蛸”，中国分类学界把蛸定为章鱼的简称）。它最前端的一对腕尤其长，能占整个体长的80%。如今，在黄海、东海环境稍好的岸边，退潮后翻开石头，都可以轻松找到长蛸。韩国有一道菜“活吃章鱼”，就是把活的长蛸的腕快刀切段，浇上韩式辣酱，趁其还蠕动时食用。有人甚至不切，直接把腕足缠在筷子上，整只囫囵塞进嘴。但如果不充分咀嚼，长蛸的吸盘就会吸住呼吸道。每年韩国都有几位活吃长蛸窒息而死的，这几只长蛸是成功的复仇者。

聂璜还说它“潜其身于穴，而露其须。蝤蛑（音qiú móu）大蟹欲垂涎之，章鱼阴以其须吸其脐而食其肉”，这话基本正确。长蛸最擅挖洞，主要就是用最长的第一对腕来挖。挖好洞后，身体躲进去，第一对腕偶尔露出洞口。章鱼最爱吃虾蟹，若有经过的小虾小蟹，章鱼就用长腕将其卷入洞中。聂璜所说不准确的地方是，长腕不一定是用来做诱饵的，可能更多的是探查情况用。另外，长蛸还会爬出洞，主动发现猎物，扑上去。食用方法也不只是“以须吸其脐”，而是众须抱住蟹的全身，然后用鹦鹉状的喙啃碎蟹体。另外，长蛸个体小，“蝤蛑大蟹”它摆不平，小螃蟹还凑合。

▼ 日本江户时期博物学家栗本丹洲绘制的《蛸、水月、乌贼类图卷》中的“手长鳟”，其实就是长蛸

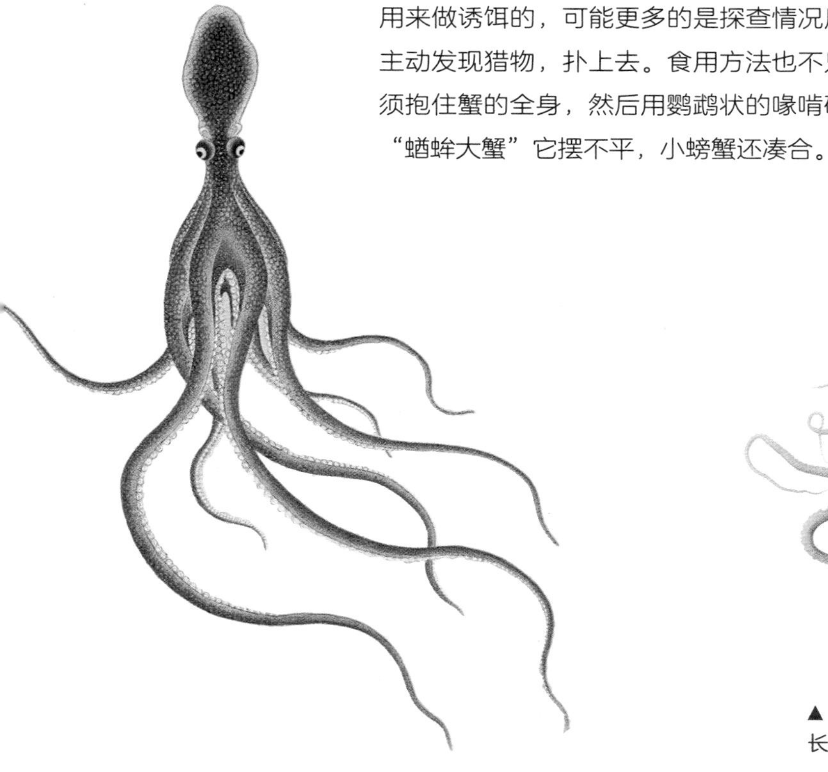

▲ 长蛸的第一对腕特别长，是挖掘洞穴的利器

而旁边的“章巨”个体更大，“大者头大如匏（做水瓢的葫芦），重十余斤”。聂璜说章巨是“章鱼之老于深泥者”，这是不对的。他画的“章鱼”是长蛸，是小型种类，怎么老也不可能头大如匏。《海错图》中的章巨，可能是真蛸、蓝蛸、水蛸等中大型种类的章鱼。在聂璜笔下，章巨可以捕捉更大的猎物：“（章巨）足潜泥中径丈。鸟兽限其间，常卷而啖（音dàn）之。”他还举了个例子：有个海滨农户养了一窝猪，母猪常带着小猪在海涂间活动，奇怪的是，每天都要丢一头小猪，最后竟只剩母猪一个了。一日，农户忽听得母猪“啼奔而来，拖一物，其大如斗，视之，乃章巨也”。原来小猪都被这个大章鱼吃了，最后还要吃母猪，但母猪身大力强，把章鱼拖了出来。此事在海民之间传开，大家“始知章巨能食豕”。

这件事很难说是真还是假。大型章鱼能捉海鸥是确定的。2016年，澳大利亚有人拍到一段视频，一只章鱼抓住了海鸥，把它拖下水淹死了。那么把小猪崽抓下水淹死，努努力似乎也有可能。只不过整个事件不该是一只章鱼所为，每天都要吃头小猪，哪只章鱼有这么大的饭量！

◀ 真蛸又名“普通章鱼”，是全世界广布的一种章鱼，比长蛸个体要大

► 韩国市场上的真蛸。这些个体都被热水汆烫过，才会如此饱满坚挺。若没烫过，身体会像一堆鼻涕一样

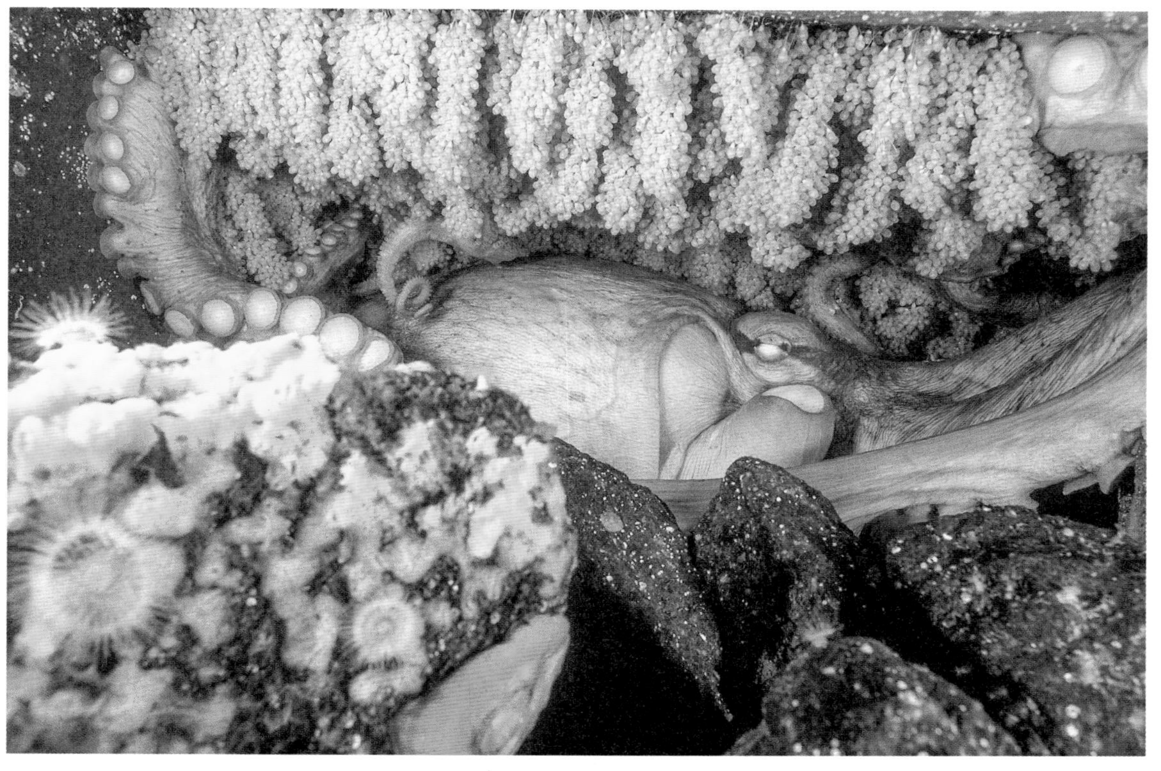

▲ 一只真蛸在保护它的卵。聚集成串垂下的卵，被日本人称为“海藤花”

## 蛸中有饭

到了冬天，万物蛰伏，章鱼没食物了怎么办？聂璜说，到那时“章鱼乃自食其须，至尽而死……章即死则诸卵散出泥涂，至正、二月又成小章鱼”。

这段话里满是槽点。首先，冬天万物都蛰伏了，就章鱼在那硬挺着，自己吃自己玩，这不是有病吗？实际上章鱼冬天也会蛰伏。比如长蛸，就会潜入潮下带的泥中，减少活动。可能某些老弱个体扛不住死掉了，缺胳膊断腿地被浪推到沙滩上，人们就以为它们是自食其须而死。其次，章鱼的卵并不是死后才“散出泥涂”的，而是活着时就被产出来。雌性章鱼会找好一个空间（真蛸选择石穴、空陶罐、大螺壳，长蛸选择自己挖的洞，短蛸藏在大贝壳下），把卵产在上面（也有的种类会把卵抱在怀里）。雌性章鱼停止进食，在卵旁一心呵护，等卵孵化后，母亲往往力竭而死。聂璜把章鱼死亡和产卵联系在一起，也许就是因为这个。

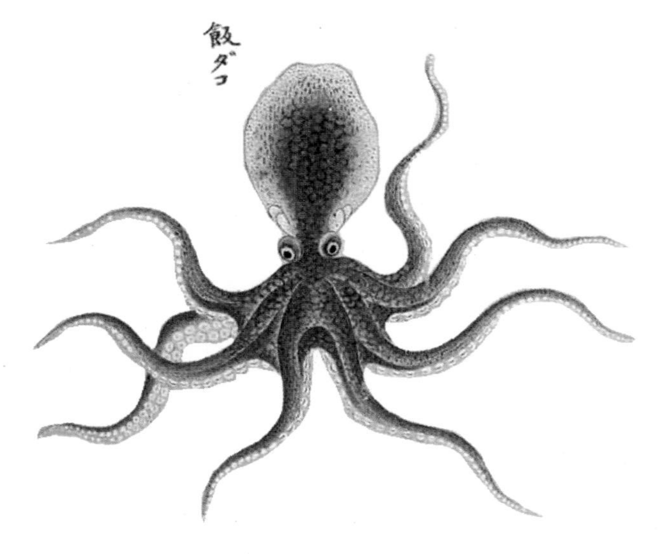


▲ 栗本丹洲在《栗氏鱼谱》中所绘的短蛸。注名为“饭蛸”

▼ 短蛸的腕短小，且眼旁有两个金环

聂璜说章鱼的卵在体内时，“如豆芽状，食者取此为美”。在日本，这种吃法主要针对一种叫“短蛸”的章鱼。它和长蛸差不多大，但腕足很短，很可爱，眼睛下面有两个闪着金光的环斑。它的卵将产未产时，塞满体内，呈饭粒状，日本人称之为“饭蛸”，奉为珍味。

中国沿海也颇有好这口的，而且不限于短蛸。这两年短视频火了以后，中国的“吃播”博主更喜欢带卵的长蛸，它个儿更大，视觉冲击力更强（他们把短蛸叫“迷你八爪”，管长蛸叫“长腿八爪”或“大爆头”）。这些博主把长蛸做熟，然后面对镜头喊一句：“老铁们，章鱼爆头！”一口把章鱼的“脑袋（其实是胴部）”咬掉一半，把断面展示给观众：“有大米啊。”这大米，就是章鱼体内的卵。如果同时有墨汁流出来，那就叫“有米有墨”，是一个爆头视频成功的标志。

# 会叫的海和尚

康熙十五年（1676年），有个叫李闻思的人，同周姓友人客居上海松江。有一天，他们路过一个叫穿沙营的地方时，看到海民渔网中抓到一只大章鱼：“状如人形，约长二尺，口目皆具。自头以下则有身躯，两肩横出，但少臂耳，身以下则八脚长拖，仍与章鱼无异，满身皆肉刺。”而且它刚入网时，还像石首鱼一样会叫（石首鱼可以用鳔发声），叫了七声就死了。渔人叹为罕有，观者甚多，无人敢食。

李闻思把这件事告诉了聂璜，说这是“鬼头鱼”。聂璜则怀疑它是“海和尚”，一种传说中的海中人形生物。它们遇到海船，就会聚成千万只的大群，附在船旁，试图上船，能导致船翻人亡。舵师见了它，要赶紧向海里撒米、焚纸钱，才能躲过一劫。

这类传说，聂璜听过很多，然而他说，传说归传说，“见其形者几人哉？”听这语气，他应该是不信的。不，他很信，因为他在《海错图》里“三得其状”，也就是说加上这个鬼头章鱼，他一共记录了三种疑似海和尚的生物。虽然没有一次是亲眼得见，但都听人描述得有模有样，所以他认为“海和尚”是真实存在的。

另外两笔记录，一个是龟身人脸的形象：“康熙二十八年（1689年），福宁州海上网得一大鳖，出其首，则人首也。观者惊怖，投之海。此即海和尚也。”

另一笔记录，在康熙二十五年（1686年）。

◀《海错图》里的《鬼头鱼》图

## 新花园的吉兆

康熙二十五年，松江金山卫（注：今上海松江区一带）有个退休回乡的王姓官员，建了个自家花园。刚刚建好，就有个渔人网得一只“异状”的章鱼：“头如寿星，两目炯炯，一口洞然，有肉累累。如身之趺坐状而二足。盖章鱼之变相者也。”聂璜画下了它的样子，眼睛下面竟像人一样咧开一张嘴，身体只有两条腕，其他部分隐约像人盘腿而坐。

渔人把它放在盘子里，两条腕围着身体盘成一圈，献给了王大人。观者数千人，啧啧称奇。王大人很高兴，赏赐了渔人，让它把“寿星章鱼”放归于海。

这就是聂璜记录的第三例“海和尚”。他猜，这可能是“海童（海中的人形神秘生物，与海和尚传说多有重叠）”。

今天我们审视这两个异形章鱼，“鬼头鱼”如果为真，应该是一只畸形章鱼，正常的章鱼没有哪个种类长这个样子。“寿星章鱼”则几乎可以肯定是那位渔人加工而成。

第一，把一只正常的章鱼加工成那样很容易，剪掉六条腕，眼下划个口当嘴，稍微摆弄一下就行。第二，为什么寿星章鱼早不出现晚不出现，偏偏大官的花园刚完工时出现？而且渔人在献给大人时，说的话非常谄媚：“天有长庚星，海有老人鱼，新建花园而有此吉兆，禄寿绵长之征，非偶然也。”这个马屁拍得过于明显了。

▼ 《海错图》里的《寿星章鱼》图

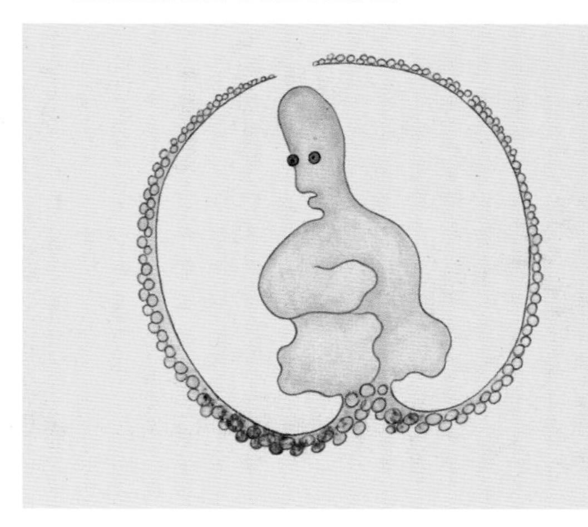

▲ 2009年1月7日，印尼苏西省巴东市的一位居民声称，自己烹饪章鱼时，听到婴儿般的哭声。循声找去，竟是锅中的章鱼冒出头来挣扎呼救，而且身体上竟显现出人脸。当地专家说，这是个畸形章鱼，人脸是煮熟后表面皮膜脱落造成的。我认为，章鱼熟后皮膜是会部分脱落，但不会凭空多出两个“人耳朵”，另外这张人脸实在像是圆珠笔画出来的，人为造假的可能性极大。此图根据新闻照片绘制

▼ 如果将小型章鱼放在平底锅里不断翻炒，它们会自动“站”起来，“印尼章鱼人”应该就是用这样的熟章鱼加工伪造的

中国自古以来就有“献祥瑞”的文化，官员时不常就给皇帝献个嘉禾（长茎多穗的稻子）啊，汇报某地“龙见于云中”啊，雍正帝甚至不堪其扰，下过这样的旨意：“朕从来不言祥瑞。数年以来，各省嘉禾瑞谷，悉令停其奏报。”而百姓够不到皇上，只能给地主大官送祥瑞了，目的无非是讨几个赏钱，大人们就算不信祥瑞，也只能用钱打发走了事，“拒绝祥瑞”毕竟扫兴。

这种双方心照不宣的“劫富济贫”，止增笑耳。如果一个退休官员建个花园都要出祥瑞，那世界上的祥瑞储备将是海量的，大风刮倒一棵树，就得压死几个祥瑞。那样的世界，多闹得慌。

## 海错图笔记的笔记·章鱼

◆ 章鱼的简称为“蛸”。中国浅海常见的身体小、腕极长的是长蛸，它最前端的一对腕长度能占体长的80%，擅长探洞。短蛸和长蛸差不多大，腕足很短，眼睛下面有两个金色环斑。

◆ 雌性章鱼产卵时会找一个空间（挖洞或藏在大贝壳下），把卵产在上面（或抱在怀里），卵聚集成串垂下。这时章鱼停止进食，保护其卵，等卵孵化后，母亲力竭而死。

# 神龙、闽海龙鱼、曲爪虬龙、盐龙、螭虎鱼、蛟

## 【神化不测，万类之宗】

◎　龙是中国最著名的神兽。直到今天，人们还在争论它是否真的存在。聂璜坚信龙是存在的。他在《海错图》中画了六种龙族生物，并记下了它们的习性。

龍說文象形生肖論龍耳虧聽故謂之龍梵書名那伽爾雅翼龍有九似頭似駝角似鹿眼似鬼耳似牛項似蛇腹似蜃鱗似鯉爪似鷹掌似虎是也此繪龍者須知之圖中之龍虛懸康熙辛巳德州幸遇名手唐書玉補入蓋宋式也已得九似之意又閩中嘗訪船人云龍首之鬃海上游行親見直豎上指陽剛之質如此今之畫家或變體作垂鬃者謬矣

廣東新語曰南海龍之都會古人入水採珠者皆繡身面為龍子使龍以為已類不吞噬今日龍與人益習諸龍戶悉視之為蝘蜓矣新安有龍穴洲每風雨即有龍起去地不數丈朱鬣金鱗而目烨烨如電其精在浮沫時噴薄如瀑泉爭承取之稍緩則入地是為龍涎

神龍贊

水得而生雲得而從小大具體幽明並通
羽毛鱗介皆祖於龍神化不測萬類之宗

曲爪蚪龍係明嘉靖末蒲人名手吴彬所寫今存有畫在支提山張漢逸見過特為予圖以為此非龍也殆蚪而龍者乎按龍之名有飛應蛟蚪等類不一此必蚪龍也何以明之今松柏之古幹夭矯離奇者不曰蛟枝而曰蚪枝圖内四爪盤曲之勢正相類予故目為蚪龍字彙註蚪謂龍之無角者今其首雖豊而非角歐陽氏曰從斗相斜繚也此龍正得其狀俗作虬

曲爪蚪龍贊

蚪爪屈曲未生尺木
他日為龍飛騰海角

# 万物皆祖于龙

在《海错图》中，经常可以感受到聂璜对龙的尊崇。只要是能和龙扯上关系的物种，他的介绍文字都透出敬仰和遐想。并且他笃信一个理论：万物皆祖于龙。意思是，龙是一切生物的祖先。

因为在他生活的时代，民间充满了这类传说：龙为至阳之物，能和万物交配，生下似龙非龙的生物。和马交配，马就会生出龙驹。和牛交配，牛就会生出麒麟。还有“龙生九子不成龙”的说法：龙有九个孩子，分别是蒲牢（钟钮上的神兽）、狻猊（香炉脚的狮头形象）、赑屃（音bì xì，驮石碑的王八）等，面相似龙，但又与龙有别。

聂璜据此认为，既然龙的后代变化多端，那么世间生物往回倒推，其共同的祖先可能都是龙。这个论点，在西汉的《淮南鸿烈》（即《淮南子》）中早已被提出：“万物羽毛鳞介皆祖于龙。”这更给聂璜来了颗定心丸。他觉得：“《鸿烈》之文出于汉儒，汉儒去古未远，必得古圣精义。”

▼ 出土于河南偃师的汉代镏金麒麟。早期的麒麟身体似鹿似马，头顶有一独角，角端长一肉球，并无半点像龙

儒生都有这样的通病，认为理论越古越接近真理，时代越古越淳朴和谐。而事实是，上古时代充满了野蛮杀戮，古人说的也未必是真理。“万物羽毛鳞介皆祖于龙”只是一句纯粹的臆测，没有任何证据。

聂璜说的“龙和牛交，生出麒麟”，其实是非常晚才诞生的传说。麒麟在先秦、两汉的早期形象，是一种独角小鹿，角端被肉球包裹，并无半点龙形，也没人说它是龙的后代，经过后世艺术化演变，才逐渐被加上鳞片、龙头。

中国的各种神兽，其形象演变都存在“越来越像龙”的现象。在“龙化”之后，人们忘记了它们的最初起源（比如狻猊本是狮子的别名，考古学家林梅村认为狻猊音译自西域斯基泰语的“sarvanai”，即狮子的形容词；或“sarauna”，即狮子的抽象词），而把它们附会成龙子龙孙了。“龙生九子”的说法，其实到明代才出现，且版本不一，显然是附会而成，无法作为论据。

但“万物祖于龙”的说法，也碰巧符合了一个科学知识：所有生物都有一个共同祖先。今天的科学家经过推算，发现地球上所有生物的祖先都可以追溯到39亿年前的一种生物。人们把它称为“最近普适共同祖先”，英文首字母简称“LUCA”。不过，LUCA和龙没有丝毫关系，而是一种形似细菌的微小生物。

## 不敢画的龙

但聂璜并不知道这些，他还是把龙作为万物之祖崇拜，并在《海错图》中给予龙最高的待遇——书中每个物种都有一首小赞，每首《赞》有四句，唯有龙翻了个倍，是八句：

水得而生，云得而从。

小大具体，幽明并通。

羽毛鳞介，皆祖于龙。

神化不测，万类之宗。

虽然这么崇拜龙，聂璜却在旁边写道：“图中之龙虚悬。”意为龙的画像迟迟没有画上。因为聂璜看宋代《尔雅翼》中说，龙的样子是“头似驼，角似鹿，眼似鬼，耳似牛，项似蛇，腹似蜃，鳞似鲤，爪似鹰，掌似虎”。如此异相，实在不敢轻易下笔。幸亏，在康熙

▲► 《海错图》中，名画家唐书玉所绘的黄色龙，头部用了“钉头鼠尾描”笔法，纤细的龙须也颇见功力。右页是聂璜画的蓝色的“曲爪虬龙”，使用的是一般笔法，龙须也较粗糙

四十年（1701年），聂璜在德州遇到一位名画家唐书玉，请他补入了这条龙。聂璜认为，这条龙“盖宋式也，正得九似之意”。仔细看此龙的头部线条，是“钉头鼠尾描”，《海错图》中其他画里没出现过这么有技巧的笔法。看来，这确实是《海错图》中唯一不是聂璜所绘的画了（也是画技最好的一幅）。

这条龙的头部毛发竖直向上，正是聂璜心中的正确画法。因为他在福建听一个船员说，自己曾亲眼见到龙在海面游泳，“龙首之发，直竖上指”。聂璜认为，这正是龙阳刚之气的体现，所以他说：“今之画家或变体作垂发者，谬矣。”

聂璜还举了《广东新语》里的例子，证明龙的真实性：“南海，龙之都会。古人入水采珠者，皆绣身面为龙子，使龙以为己类，不吞噬。”原来身上纹龙还是一种拟态。《广东新语》还说，广东新安有个岛，叫龙穴洲（注：今名龙穴岛，属广州市南沙区管辖），每次风雨之时“即有龙起，去地不数丈，朱鬣金鳞，两目烨烨如电，人与龙相视久之，弗畏也。其精华在浮沫，时喷薄如瀑泉如雨，争承取之，稍缓则入地中矣，是为龙涎”。看来每次大风雨之时，新安人都能和龙深情对视，还会争相接住龙的哈喇子。

# 龙 无尺木，无以升天

聂璜的好友张汉逸，在支提山（注：今福建宁德市西北）见过一张怪异的龙图像，是明代嘉靖年间名手吴彬所画，张汉逸为聂璜誊画了此图。

聂璜见此龙四爪盘曲，正和古松古柏扭曲的“虬枝”相似，而且它的头部无角，又和《字汇》中的“虬，谓龙之无角者”相符，故而将此龙命名为“曲爪虬（聂璜写成了“蚪”，其实虬的异体字写法是“虯”）龙”，并作《曲爪虬龙赞》：

虬爪屈曲，未生尺木。

他日为龙，飞腾海角。

显然，聂璜将虬龙视为还不能飞腾的龙，因为它“未生尺木”。有句话叫“龙无尺木，无以升天”。

尺木是什么？有三种说法。

东汉的王充说，尺木就是一棵树，可能是某次雷劈树时，龙正好在旁边，雷电退回天上时，龙跟着上天了，这一景象被人看到，就以为龙必须顺着树木才能上天。这个说法牵强得有点过分了，王充自己可能都不信。

更多人认可《酉阳杂俎》中的说法：“尺木，龙头上如博山形。”也就是说，龙头上会长出像层叠山峦的突起，叫尺木，长出了它，就可以升天了。不少后人把尺木直接等同于龙角，聂璜就持这种看法。

清代考证学家俞正燮则认为，以上都不对，“尺木”其实是传抄时抄错了，本来应是“尺水”，《道藏・正一部・意林》曾载：“龙无尺水，无以升天。圣人无尺土，无以王天下。”即龙若没有一小摊水辅助，是无法升天的。

▶ 台湾南部的海边礁石上，活跃着一种“岩岸岛蜥”。它在潮间带取食小型无脊椎动物或死鱼虾，和海水形影不离，甚至可以直接饮用海水，再由鼻部腺体排出盐分。它可能是和“盐龙”传说最接近的中国物种了

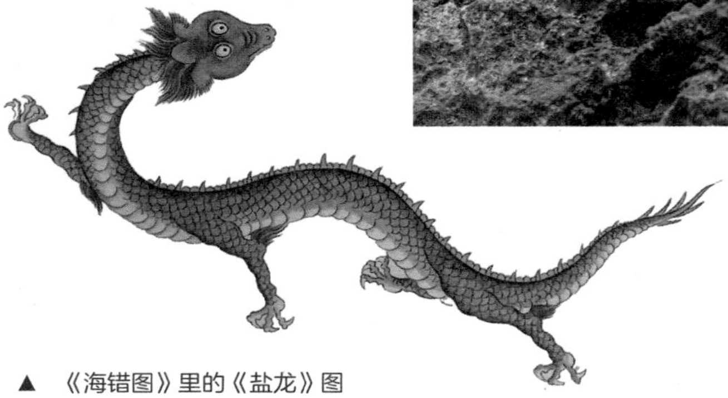

▲《海错图》里的《盐龙》图

## 龙族兴旺

聂璜还画了一种“盐龙”，这是一种长仅尺余（30多厘米）的小龙，“头如蜥蜴状，身具龙形，产广南大洋中，必龙精余沥之所结也”。《珠玑薮》载，粤中的有钱人会把盐龙养在银瓶里，喂它海盐。等它鳞甲渗出盐来，就收集起来吃掉，能够壮阳。

就文字来看，聂璜没见过盐龙，只是凭古书记载而画。中国倒是有岩岸岛蜥、圆鼻巨蜥等蜥蜴能在海滨活动、下海游泳，岩岸岛蜥还能喝下海水，从鼻孔泌出盐分。但它们无法以盐为食、从鳞甲里泌盐。盐龙应该只是脱胎于“守宫砂”传说的一种臆造生物。守宫砂相传是把壁虎养在罐里，喂它朱砂，吃够三斤（一说七斤），等壁虎全身变红，就把它捣碎，点在女性胳膊上，能测贞操。当然了，守宫砂也是不存在的，壁虎只吃活虫，连死虫都不吃，怎么会乖乖吃好几斤有毒的朱砂？这么说吧，守宫砂、盐龙传说的离谱程度，就像让一只兔子吃三吨铁渣子一样。

还有一种“螭（音chī）虎鱼”，聂璜说它“产闽海大洋，头如龙而无角，有刺，身有鳞甲，金黄色。四足如虎爪，尾尖而不歧，长不过一二尺，无肉，不可食。其皮可入药用，漳泉药室多有干者”。当时的商人经常带着此物的干制品到处吆喝，骗人说是“小蛟”。看样子，聂璜亲眼见过此物被做成药材后的样子。根据它的画像和描述，最可能是南方常见的变色树蜥、棕背树蜥等小型鬣蜥。它们头颈部有刺一样的鬣鳞，活时通常呈黄色。长度也是一二尺，尾巴很长，都和画符合。至于四足如虎爪，应该是干制后指爪蜷缩造成的。考虑到聂璜说“其皮可做药用”，当时的人们可能用它作为著名药材——蛤蚧（大壁虎）的代替品或伪品，因为蛤蚧在药铺里的样子就是去掉内脏、用竹棍撑开皮的蜥蜴干。

螭虎魚贊
鍾彝垂象螭列圖書
九鼎淪水螭亦爲魚

▲ 《海错图》里的《螭虎鱼》图

▲ 变色树蜥

◄ 蛤蚧（大壁虎）是一种传统药材，被用竹棍撑开皮晾干出售。睑虎、蜡皮蜥、无蹼壁虎、红瘰疣螈等两栖爬行类，常作为蛤蚧的伪品被大量捕杀。《海错图》里的“螭虎鱼”可能就是古代的一种蛤蚧伪品

另有一幅《蛟》图，蛟身有珠状圆鳞，这是聂璜按照“龙珠在颌，蛟珠在皮”的传说绘制的。聂璜认为，蛟珠跟龙珠不是一个概念，而是“大约蛟无鳞，缀珠纹于皮，如鲨鱼皮状”。我觉得很有道理。魟鱼的皮上有珠状鳞片，常被用作皮具材料，人称“鲨鱼皮”或“鲛皮”。大概是有人把鲛皮听成了蛟皮，“蛟珠在皮”就这么传开了。

最后一幅和龙相关的图，叫《闽海龙鱼》，配文是：“产吕宋、台湾大洋中，其状如龙，头上一刺如角，两耳、两鬐而无毛，鳞绿色，尾三尖而中长，背翅如鱼脊之旗，四足，爪各三指而胼如鹅掌。然网中偶然得之，曝干可以为药。康熙二十六年（1687年），漳州浦头地方网户载一龙鱼，长丈许，重百余斤。城中文武俱出郭视之。”若硬要找个现实生物对应，那么菲氏真冠带鱼（*Eumecichthys fiski*）最贴近。它头上有独角冲前，头顶有背鳍延伸出来的拉丝，破损时常裂成两绺，可以理解为两鬐，胸鳍可以理解为两耳，尾巴三尖可能是因为此鱼的背鳍末尾、尾鳍、臀鳍都聚在身体末端。但它的身躯是银色，不是绿色，也没有四足。康熙二十六年抓到的那条，可能是它更大的亲戚——皇带鱼。这两种鱼都在深海，偶尔会浮出水面活动。

聂璜发现之前的《闽志》里没记载过龙鱼，就推测：“似乎近年大开海洋，始可得也。”清廷为了防止反清力量在海上活动，曾从顺治十二年（1655年）开始实行海禁，片帆不得入海。直到康熙二十二年（1683年），三藩、台湾都已平定，才宣布开海。四年后，人们抓到了龙鱼。

▼《海错图》里的《蛟》图

▲ 《海错图》里的《闽海龙鱼》图

▼ 菲氏真冠带鱼符合“产吕宋、台湾大洋中，其状如龙，头上一刺如角，两耳、两鬐而无毛，尾三尖而中长，背翅如鱼脊之旗”的龙鱼特征，但不符合“鳞绿色，四足，爪各三指而胼如鹅掌”的特征

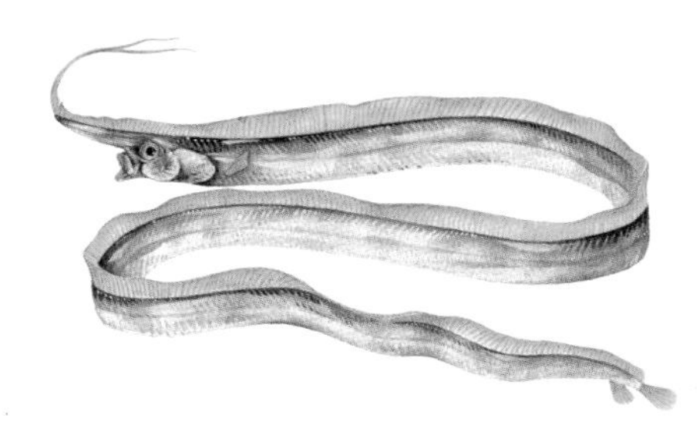

## 龙的考证

相信很多读者看到这，并不满意我的考证。对，我自己也不满意。这些龙族无法和现生生物完全对应，也不知哪几笔是聂璜亲眼得见，哪几笔是他道听途说。强行考证，总是牵强。没办法，谁让这些动物都和龙沾边儿呢。龙本身，就是说不清的东西。

时至今日，“龙是否真的存在”这个问题，仍然讨论得热火朝天。我认为龙是不存在的。

首先，它的外形和习性不但和现生生物大相径庭，连古代生物都没有和它类似的。古今多起“目击龙事件”都说龙虽无翅，却能在云间穿梭甚至打斗，还掉下了碗大的龙鳞。但没有任何古今动物是大型、无翅却能飞的。至于《说文解字》里说龙“能幽能明，能细能巨，能短能长”就更不可能了。

其次，龙的形象变化太大，甲骨文的“龙”字，是头顶怪角、张开大口的蛇形物。商、周、秦、汉的龙，是非常简约灵动的神兽，有时是兽身，有时是蛇身，有时还带翅。之后，龙的形象一步步具体，身体越来越长，鳞片越来越多，多了龙须，翅被火焰纹代替。到了明、清，它已经从矫健轻盈变得臃肿老态。作为一种野生动物，几千年（演化史上只算一瞬间）就发生这么翻天覆地的演化，实在太快了，更像是艺术上的改变。

再次，龙的各种文字描述充满了矛盾。聂璜在《海错图》中就为此头疼。《广雅》说有鳞曰蛟龙，有角曰虬龙，那明、清的龙形象有鳞又有角，怎么算？《广雅》还说无角的是螭龙，但《说文解字》却说无角的是蛟。《述异记》说，虺（音huī）五百年化为蛟，可晋代郭璞又说蛟是卵生，那又没虺什么事了……这样混乱的记载，正说明龙是一种虚幻生物，怎么编都可以。

最后，以现实元素为基础，创造出龙形的艺术形象，并不是难事。欧洲喷火带翅的“Dragon”、巴比伦城门上的“Muš-ḫuššu”（怒蛇）、中美洲阿兹特克人的羽蛇神，都是龙一样的生物，这可能是人类潜意识里共有的一种怪兽形态。甚至我猜测，小孩子普遍喜欢恐龙，也是在崇拜这种潜意识里的形象。我们都相信，国外的龙形怪物是根据蜥蜴、蛇等原型艺术创作出来的，凭什么中国龙就非得在现实中有一模一样的原型？中国人就不能主动创造出一种龙形神兽吗？当然能。放眼全世界，这也是很正常的事。

▼ 巴比伦城门上的“怒蛇”。它有蛇的头、狮子的前腿、鸟类的后腿和覆盖着鳞片的身体

# 龙存在的证据

如今，信奉龙真实存在的人，常会举出一些论据。我简单评价一下。

1. 十二生肖都是身边常见的动物，唯有龙是虚幻的。这不合理，所以龙在古代也应该很常见。

首先，十二生肖在早期并不是今天的版本。在发掘出的睡虎地秦简里，并不是“申猴、酉鸡、戌狗”，而是“申环、酉水、戌老羊”。在其他秦简、汉简里，还有今人闻所未闻的石、玉石、老火等生肖。这说明生肖最初并不是以动物常不常见作为选择标准的。中国人民大学的王贵元教授认为，这些奇特生肖指的是《国语・鲁语下》里的木石之怪（夔，音kuí）、土之怪（羵羊，音fén）等怪物，而龙在《国语》中是“水之怪”。如果早期生肖既有常见动物，又有精怪，那龙位列其中也就不奇怪了。

2. 古代有养龙、驯龙的记载。

这类记载确实史不绝书。《山海经・海外西经》载，夏朝的君王夏启可以“乘两龙，云盖三层”。《史记・夏本纪》载，夏朝另一位君主孔甲在位时，天降两条龙，孔甲把龙交给刘累养，后来死了一条雌龙，刘累把龙做成肉酱送给孔甲吃。《拾遗记》也有虞舜时设有“豢龙之官”“夏代养龙不绝”的记载。然而，这些故事无法证实，更似传说和神话，即使再多，也不能证明龙的存在。

▼ 中国各时代生肖对比。在早期文献里，辰对应的物种要么空缺，要么是“虫”。有人认为这是因为人们尊敬龙，避讳龙字，便用缺省或虫字代替。《孔家坡汉简》中的“□”为无法辨认的字

| | 子 | 丑 | 寅 | 卯 | 辰 | 巳 | 午 | 未 | 申 | 酉 | 戌 | 亥 |
|---|---|---|---|---|---|---|---|---|---|---|---|---|
| 睡虎地秦简 | 鼠 | 牛 | 虎 | 兔 | | 虫 | 鹿 | 马 | 环 | 水 | 老羊 | 豕 |
| 放马滩秦简甲种 | 鼠 | 牛 | 虎 | 兔 | 虫 | 鸡 | 马 | 羊 | 猴 | 鸡 | 犬 | 豕 |
| 放马滩秦简乙种 | | 牛 | | | | 鸡 | 马 | 羊 | 石 | 鸡 | | |
| 张家山汉简 | | | 虎 | 象 | | 鸡 | | | | | | |
| 孔家坡汉简 | 鼠 | 牛 | 虎 | 鬼 | 虫□ | 虫 | 鹿 | 马 | 玉石 | 水 | 老火 | 豕 |
| 东汉《论衡》 | 鼠 | 牛 | 虎 | 兔 | 龙 | 蛇 | 马 | 羊 | 猴 | 鸡 | 犬 | 豕 |
| 东汉《月令问答》 | | 牛 | 虎 | | 龙 | | 马 | 羊 | | 鸡 | 犬 | 豕 |
| 后世 | 鼠 | 牛 | 虎 | 兔 | 龙 | 蛇 | 马 | 羊 | 猴 | 鸡 | 狗 | 猪 |

3. 从古到今，发生过多起群众目击龙事件。

这类故事也很多，尤其值得关注的是龙从天而降的“堕龙”事件。南宋姜夔曾记载一次湖北汉阳白湖的堕龙（当时他只有6岁，不在现场，是长大后听当地百姓说的）。百姓围观龙时，曾“敛席覆其体，数里闻腥膻。一夕雷雨过，此物忽已迁”。

有趣的是，从此事起，“堕龙发出腥膻味”“招引苍蝇”“龙鳞可夹死苍蝇”“百姓用席棚覆盖其身体”“向龙身浇水”“龙在一次雷雨后突然升天消失”，成了后世很多堕龙事件的共同过程。如“道光十九年（1839年）夏，有龙降于乐亭浪窝海口，寂然不动，蝇蚋遍体，龙张鳞受之，久而敛以毙焉。因覆以苇棚，水浇之。如是者三昼夜。忽风雨晦冥，雷电交作，龙遂升天去”（《永平府志》）；又如“乾隆五十八年（1793年）……堕一龙于东乡去城十余里某村，村屋崩塌。蛇然而卧，腥秽熏人。时正六月，蝇绕之。远近人共为篷以避日。久不得水，鳞皆翘起，蝇入而咕嘬之，则骤然一合，蝇尽死。州尊亲祭。数日，大雷雨，腾空而去”（冯喜庚《聊斋志异》附记）。

▼ 1934年《盛京时报》报道的营口堕龙事件，附有一张龙骨骸照片，使其成为最著名的堕龙事件。照片中的脊骨酷似鲸鱼脊椎，但数量比鲸的少，应是残缺造成的。当时报载“尾部为立板形白骨尾”，看图片，那“白骨尾”似乎是鲸鱼肩胛骨。从脊椎脊突方向可知，龙头被错误地摆在了尾端，应是从河滩搬至“西海关码头四署房北空地”陈列时不慎造成的。龙头也酷似须鲸的头骨。唯有头部的大角，很难用“好事者把下颌骨插在头骨孔洞上”解释。因为，此角与须鲸下颌骨形状并不相似。此照过于模糊，连龙角有几个分叉都有好几个解读版本，所以虽然真相至今未明，但不足以确证龙的存在

營川墜龍 研究之一

水產學校教授發表

蛟類涸斃

【營口】本埠河北葦塘內日前發現龍骨、旋經警察六段分署、搬往河南西海關前陳列供衆觀覽、消息傳播、無不以先睹為快、擁擠異常、絡繹載道、一時引為奇談、以其肌肉腐爛、僅該骨骸、究係龍否、議論紛起、莫衷一是、茲聞本埠水產高級中學校教授、日前亦往參觀、判明確係蛟類、以今夏降雨過量、隨流入河、淺擱葦塘泥中、因而涸斃者云、（圖為龍骨攝影）

▲ 长须鲸的骨骼。长须鲸密集活动于渤海和黄海，在辽宁菊花岛、金县都有搁浅记录，与“营口堕龙”地点十分接近

到了1944年，松花江陈家围子又发生了一起堕龙事件。一些亲历者活到了20世纪90年代，上海辞书出版社的编辑马小星和朋友采访了他们，并出版了《龙：一种未明的动物》一书。在这个事件里，也出现了龙腥膻不堪、鳞片夹死苍蝇、群众为龙浇水搭棚、雷雨后龙腾空飞走的事情。马小星认为，不同时期、不同地点的堕龙事件，对龙的描述都相似，群众也采取了同样的救援措施，证明龙真实存在，并已在民间形成了规范化的救援流程。

但《西游记》著名研究者李天飞认为，正因如此，才说明堕龙事件是假的。因为并无任何《堕龙救援手册》之类的史籍存在，所以不同地方、不同朝代的人，面对堕龙应该做法不同才对，而不是无师自通地运行同一套流程。我认同这个观点。哪怕是今天的鲸鱼搁浅，我们也能看到，有的事件里大家浇水救助，有的事件里大家合影留念，还有的是报警。在鲸类救助知识相当普及的今天，尚存在如此大的差别，旧社会的农民怎么会那么整齐划一？之所以对堕龙的描述和救治如此相似，很可能是因为这本来就是一个民间传说套路而已。

比如，南方盛行的各种“水猴子”传说，也是彼此类似：水猴子在水里力大无穷，能把人溺死，但上岸后软弱无力。很多人为孩子讲述时，常常说自己亲眼见过，导致现在我的很多微博粉丝还坚信水猴子是真实存在的。一些地方由此产生的“毛人水怪”谣言，甚至引发了社会恐慌。其实，它脱胎于古老的“无支祁”水猿传说。还有，我爷爷曾绘声绘色地告诉我，北京北新桥有一口井，是海眼，里面被刘伯温锁住了一条龙，锁链搭在井口，日本人和红卫兵都试图拉出锁链，但越拉，井水越翻腾，就吓得丢了回去。长大后我才知道，中国各地都有大同小异的“锁龙井”传说。再说简单点的例子，“鬼”的目击事件更多，从古代的闹鬼到今天的灵异事件，多少“目击者口述”，还有照片、视频，难道就能说鬼是真的吗？其实想一想，龙的真实性，和水猴子、鬼是一个档次。

看到这里肯定有人会说，你一个搞科普的，被科学洗脑了，千方百计要否认龙的存在。不，我虽是自然科学专业出身，但对神秘生物有强烈的兴趣，打心眼儿里希望世上真有龙。但越感兴趣，越要冷静分析。我只能说，目前所有“证据”都不足以让我相信龙的存在。

## 龙的原型

所以，认为龙是一种人创造出来的神兽，可能更合理一些。人创造的所有神兽都有个特点：哪怕再怪异可怖，也是现实元素拼凑起来的。那么龙的原型是什么呢？有氏族图腾合并说、鳄鱼说、蜥蜴说、蛇说、龙卷风说等，马小星甚至猜测龙是一种孑遗的石炭纪迷齿两栖类，能像乌贼一样喷水，用反作用力飞起来。我实在不能接受这种说法。

我最感兴趣的是星象说。在中国古代星图中，有相连的七个星宿：角、亢、氐、房、心、尾、箕，组成了“东方苍龙七宿”，在夜空中是一条非常大的龙形。《易经》里不是有潜龙勿用、飞龙在天、亢龙有悔之类的晦涩词句吗？明末的黄宗羲、民国时期的闻一多、现代的天文考古学家冯时等学者认为，这些“龙”全都指的是东方苍龙星象。这样一来，《易经》里的这几句就非常合理了。

初九，潜龙，勿用：初九这一天（有学者认为是冬至日），东方苍龙与太阳同升同落，晚上看不到，所以是“潜龙”。

九二，见龙在田：九二这一天，东方苍龙的头部露出了地平线。“二月二，龙抬头”说的也是此段时间的天象，春天雨季将要到来，农事活动即将开始。

九四，或跃在渊：东方苍龙已经全身跃上了夜空。雨季开始。

九五，飞龙在天：东方苍龙运行到了南中天。

上九，亢龙有悔：东方苍龙移过中天，开始西斜。

用九，见群龙无首：东方苍龙的龙头和太阳一同落山，晚上看不到龙头，只能看到龙身。收获季节到来。

▶ 甲骨文和金文的“龙”字，是头顶怪角、张开大口的巨蛇。此怪角和甲骨文“凤”字头顶的饰物相同，可能同指华丽的冠饰。也有人认为，头顶的不是怪角，而是“辛”字，表示施刑、惩罚，意为一种能主宰万物生杀大权的蛇形物。《中国天文考古学》作者冯时发现，把东方苍龙各星连线后，和甲骨文“龙”字酷似，故认为龙的原型是苍龙星象。但冯时的这三种连线方式是他自创的，未见典籍记载。他无视了房宿的一些星，又把本不在七宿里的几颗星拉了进来，用虚线连接，有一种强行贴合甲骨文字形的感觉

东方苍龙星象在天空中非常巨大，带给人极度的震撼。它的位置预示着雨季的到来和离去，与农事关系重大，所以人们才向龙祈雨。这种说法，被不少学者认同。但我认为，这不会是龙的真正起源。各国文化里的星象，都是以地面上的事物命名的，所以龙也应该是这样，它起初是由动物元素加工成的神兽，星象是根据这个神兽形象命名的，不能本末倒置。但具体原型是什么动物，我们可能永远无法知晓。

这并不令人沮丧。可以确认的是，龙的形象由中国人创造，从上古一直延续至今，不断发展变化，见证了中华文明从未中断的历史。目前虽然无法证明它的存在，但这也好，既然是虚幻的，就不会灭绝，龙会永生在每个中国人的心里。

## 海错图笔记的笔记·龙

◆ 岩岸岛蜥活跃于台湾南部的海边礁石上，在潮间带取食小型无脊椎动物或死鱼虾，可以直接饮用海水，通过鼻部的腺体排出盐分。

◆ 蛤蚧（大壁虎）是一种传统药材，被用竹棍撑开皮晾干出售。睑虎、蜡皮蜥、无蹼壁虎、红瘰疣螈等两栖爬行类，常作为蛤蚧的伪品被大量捕杀。

◆ 1934年《盛京时报》报道的营口堕龙事件，附有一张龙骨骸照片。照片中的脊骨酷似鲸鱼脊椎，但数量比鲸的少，应是残缺造成的。当时报载“尾部为立板形白骨尾”，但图片中的“白骨尾”似乎是鲸鱼的肩胛骨。龙头也酷似须鲸的头骨。唯有头部的大角，与须鲸下颌骨形状并不相似。

见龙在田
大角
右摄提
左摄提
天田
角
亢
东

◀▼ 根据黄宗羲、闻一多、冯时等学者的理论，《易经》里的“潜龙勿用”，指苍龙七宿在地平线以下潜藏；“见龙在田”即角宿（苍龙的角）露出地平线；“君子终日乾乾”指苍龙七宿每天都在升高；“或跃在渊”为苍龙七宿全部跃出地平线；“飞龙在天”即苍龙七宿横亘南天；“亢龙有悔”为苍龙开始西落；“群龙无首”指苍龙头部落入西方地平线下（以上全部指日落后天黑不久时的夜空）。民谚“二月二，龙抬头”，指的也是日落后不久，地平线上可以看到角宿升起，即“见龙在田”。汉代时，苍龙确实是在惊蛰前后的日落后（二月二前后）露出头来，是农事开始的信号。但今天的星象与古时已有不同，如今苍龙露头的时间，已经延后到清明，即二月底三月初

# 第三章

# 虫部、禽部、兽部、异象

# 海蜘蛛

## 【深藏海山，食虎啮豹】

◎ 大如车轮、能捕虎豹的蜘蛛，真的存在吗？相传，它就藏在海山的深处。

海蜘蛛產海山深僻處大者不知其幾千百年舶人樵汲或有見之懼不敢進或云年久有珠龍常取之彙苑載海蜘蛛巨者若丈二車輪文具五色非大山深谷不伏遊絲隘中牢若絙纜虎豹麋鹿間觸其經蛛益吐絲糾纏卒不可脫俟其斃腐乃就食之舶人欲樵蘇者率百十人束炬往遇絲輒燃或得其皮為履不航而涉愚按天地生物小常制大蛟龍至神見畏於蜈蚣虎豹至猛受困於蜘蛛象至高巍目無牛馬而怯于鼠之入耳鼉至難死支解猶生而常斃于蚊之一啄物性受制可謂奇矣

海蜘蛛贊

海山蜘蛛大如車輪

虎豹觸網如縶蠅蚊

# 状蜘蛛之巨大而近妖

出海回来的渔人和水手，总有一肚子的故事，人们也乐于听他们讲述海上的奇闻。其中，无人岛的故事是一大热门题材。海中有许多无人岛，想知道岛上有什么，全靠海人的讲述。

聂璜就是那个爱听故事的人。海人告诉他，在海岛的山林深处，有巨大的"海蜘蛛"存在，不知道活了几千几百年。船员上岛看到它，都不敢靠近。要是不得已非得进山找柴火，就得百十来号人拿着火把进去，遇到海蜘蛛的蛛网就把它烧掉。

不烧不行，会出人命。大个儿的海蜘蛛有"丈二车轮"那么大，结的网牢若缆绳。虎、豹、麋鹿若碰到网，蜘蛛就会吐丝缠住它们，等它们死亡腐烂，再将其吃掉。年深日久，海蜘蛛体内还会长出宝珠，龙经常会把珠子取走，变成龙珠。

确实是非常精彩的故事，但有点儿过了。适当夸张一下没问题，但都搞成怪兽灾难片了，谁还信呢?

▼ 斑络新妇能长到人手那么大

▲ 我的朋友吴超拍到的珍贵画面：棒络新妇的网黏住了一只蝙蝠

▲ 今天科学意义上的“海蜘蛛”，指的是节肢动物门海蜘蛛纲的生物。这是一个类似蛛形纲却不是蛛形纲的小类群，浑身除了腿就是嘴，连腹部都快退化没了。它们像虾蟹一样生活在海水中，和聂璜所说的“海蜘蛛”不是一回事

▼ 澳大利亚的斑络新妇抓到了一只栗胸文鸟，成为一时新闻

▲ 体型巨大的海南单柄蛛，是著名的国产捕鸟蛛

## 现实中的大蜘蛛

蜘蛛有两类。一类叫结网型蜘蛛，天天守在网上等猎物来。另一类叫徘徊型蜘蛛，不结网，到处爬，主动寻找猎物。这两类蜘蛛虽然不像传说的那样夸张，但也各有大得让人害怕的种类。

结网型蜘蛛里，最常见的有两种大蜘蛛：斑络新妇和棒络新妇。“络新妇”这名字来自日本，本是一种蜘蛛精的名字。她白天是美女，晚上就现出原形，放出很多口吐青烟的小蜘蛛，吸人的精血。

棒络新妇全国都有，在北方的居民小区里经常出现，冷不丁吓人一跳。它个头很大，腹部有虎纹。蛛网织得不太规整，却相当结实，甚至能把蝙蝠网住。

另一种斑络新妇集中在南方，身体以黑色为主，腹部背面有两条黄带（也有的个体没有黄带）。斑络新妇比棒络新妇还要大，脚展开有15厘米，配上直径1米的大网，很容易给人“大如车轮”的错觉。它的网也非常结实，运气好能网到大物。澳大利亚曾经有过斑络新妇抓鸟的新闻。受害鸟是一只栗胸文鸟，个子很小，但好歹也是鸟，算是不错的战绩了。

“海蜘蛛”的原型，应该有这两位络新妇的功劳。不过它们的毒性不大，人被咬了也就和被蜜蜂蜇了差不多，所以对人来说没那么可怕。

徘徊型蜘蛛也有大个儿的。海南岛有一种海南单柄蛛，它属于捕鸟蛛亚科，浑身是毛，威武雄壮，足展开有惊人的18厘米长！虽然属于捕鸟蛛的一种，但它不会真的抓鸟，因为它没有网，只能在地面吃点儿虫子。不过，要是哪个倒霉的小老鼠撞到嘴边，它也可以给料理了。

此外，中国沿海地区还有施氏单柄蛛和敬钊缨毛蛛，体型和海南单柄蛛差不多，都是超大号的毛蜘蛛，令人退避三舍。

以上这几种蜘蛛，海人如果看到它们，一定会受到强烈的震撼，回去一添油加醋，这些现实中的大蜘蛛就变成了能活千年、能抓虎豹的怪兽了。

## 海错图笔记的笔记 · 蜘蛛

◆ 今天的“海蜘蛛”指节肢动物门海蜘蛛纲的生物。这是一个类似蛛形纲却不是蛛形纲的小类群，浑身除了腿就是嘴，连腹部都快退化没了。它们像虾蟹一样生活在海水中。

◆ 蜘蛛有两类：一类叫结网型蜘蛛，每天守在网上等猎物来；另一类叫徘徊型蜘蛛，不结网，到处爬，主动寻找猎物。

◆ 在结网型蜘蛛里，最常见的有两种大蜘蛛：斑络新妇和棒络新妇。棒络新妇个头很大，腹部有虎纹。蛛网织得不太规整，却相当结实。另一种斑络新妇集中在南方，身体以黑色为主，腹部背面有两条黄带，脚展开有15厘米，结的网直径可达1米。

# 金丝燕

## 【吐涎为巢，端上宴席】

◎ 燕窝是著名的高档食材，古人曾对它的身世做出了各种猜想。今人已经对燕窝十分了解，还能让燕子把窝搭在指定的地方。

金絲燕贊
由來興廢到處滄桑
烏衣國主換黃袍王

燕窩贊
燕窩佳品不列八珍
味超郇饌名缺食經

▶ 燕窝来自南洋，所以被归类为“海错”。烹饪燕窝一般使用冰糖

## “滋补圣品”，曾经无闻

当聂璜写到《海错图》中“燕窝”这一节时，他想查查燕窝的药效，可翻遍了各种医书，都找不到相关信息。今天听起来，简直难以置信。燕窝难道不是著名的补品吗？

事实上，在中国，燕窝作为“滋补圣品”的历史并不长。自古以来，它只是海外的猎奇食品，史书少有记载，明代才开始大量进口，但人们也只把它当成一种食物。直到清代中后期，它才被加上了各种神奇的疗效。

《海错图》成书的前四年，一本叫《本草备要》的书首次记载了燕窝的药效。但聂璜大概没看过这本新书，难怪他说燕窝“本草诸书不载”了。他还写道：“燕窝佳品，不列八珍。”由此看来，在当时的高档食物中，燕窝还不够著名。“八珍”指八种名贵食材。历代版本不同，从周代到清代早期的“八珍”里都没燕窝，直到清代中晚期的版本里，才将其列入其中。

## 银鱼？螺筋？似是而非

康熙年间，人们对燕窝了解甚少。也难怪，这东西由丝丝缕缕的半透明物体连缀而成，像一个半圆形的小白碗，和常见的泥巴燕窝差得太远了。当时一个普遍的说法是，这种巢是由一种海燕叼来海中的小白鱼做成的。但聂璜亲手将燕窝解剖，观察里面的白丝，发现并不是鱼。因为鱼一出生就有两个明显的黑眼睛，但燕窝中找不到眼睛。

▲ 《海错图》里画的燕窝和金丝燕。这是聂璜臆想的场景，不符合现实情况

这时，有人告诉他，一本叫《泉南杂志》的书里有可靠的解释。聂璜找来一查阅，只见里面写道："在福建远海接近外国的地方，有种燕子长有黄毛，名叫金丝燕。要产卵时，它们就群飞到泥沙处，啄食一种'蚕螺'来补身。螺肉上有两根筋，就像枫蚕（即樟蚕）丝一样坚韧洁白，螺肉消化了，筋却不化，随着燕子口水一起吐出，就结成小窝。"

聂璜看后感叹："燕窝果然不是小鱼做成的！"他根据自己的想象，画出了金丝燕筑巢的情景。

## 古画中的破绽

我们来看看这幅画。画中有两只羽毛金黄、尾羽修长的燕子，地上有一个燕窝，其中一只金丝燕站在窝旁。由于这场景完全是臆想出来的，所以错误颇多。

首先，燕窝确实是金丝燕制造的。但它既没有长长的燕尾，也没有金色的羽毛，只是黑色的身体上闪烁着一点儿金属光泽。中国大陆有几种金丝燕，不过它们的巢材大部分都是羽毛、杂草，不堪食用。能吃的那种白色燕窝是来自爪哇金丝燕和戈氏金丝燕。它们分布在东南亚，也有极少数生活在中国南海的岛屿上。

其次，燕窝不建在地上，而在高高的山洞石壁上。金丝燕也不会站在地上，因为它的足极度退化，只能攀握。如果落地，就无力再蹬地飞起来，所以它们从不落地，累了就抓在石壁上休息。

为啥不趴在窝里休息呢？因为燕窝只是孵蛋用的。平时，燕子并不需要窝，想在哪儿睡在哪儿睡。到了下蛋之前，才开始筑巢。巢材也并非来自白鱼和螺筋，而只是燕子的唾液。唾液遇到空气就变成固

▼ 雌燕会在一个燕窝里产两枚卵

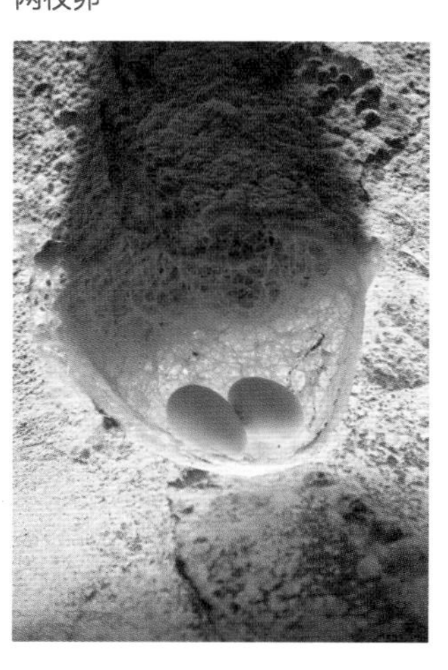

▶ 金丝燕窝非常小，雌燕孵蛋时只能将将把肚子放进去

体，逐渐连缀成网状的一个“小碗”。然后雌燕产下两枚卵，等雏燕长大飞走，这个巢就被遗弃，下次繁殖再筑新巢。

## 洞燕和屋燕

自古以来，人们都是爬到洞壁上采摘野生的燕窝。按理说，等小燕出巢后，把废弃的巢采下，并不会妨碍燕子的生活。但为了挣钱，人们经常见窝就摘，甚至将巢中的蛋和雏鸟全部倒掉。在这样的破坏下，金丝燕的数量急剧下降。比如缅甸以南的安达曼－尼科巴群岛，当地金丝燕10年里减少了80%。而在我国海南的大洲岛，2002年仅采摘到两个燕窝！

这样下去不是办法，于是东南亚人发明了“燕屋”。它由普通的房屋改造而成，屋里撒上燕粪，播放燕鸣，用气味和声音吸引燕子前来。室内维持高温高湿，并留足燕子盘旋的空间，成为一个人造的洞穴。天花板上呈棋盘状钉着许多木板，燕子就会在木板上筑巢。一个现代化的大燕屋能引来数万只燕子聚居，屋中有水循环系统、除虫防疫系统，还有专人全天监控，防止蛇鼠骚扰。燕屋里的金丝燕依然是野生的，可以自由出入。

燕屋主之间的竞争激烈，谁都想让自己的屋子留住更多燕子，所以人们对待“屋燕”的态度和“洞燕”完全不同：只有雏燕已出巢的燕窝才会被采摘，因为如果破坏燕子的繁殖，燕群就会选择别的燕屋。在这样的良性循环下，金丝燕获得了更多的繁殖地，人也得到了数量更多、质量更好的燕窝。目前市面上的燕窝，大部分都是燕屋出产的。

▼ 人们在山洞里搭上架子，采摘洞燕窝

► 燕屋吸引了大量金丝燕，在播放燕鸣的喇叭旁，已有一个筑好的燕窝

# 燕窝补不补？

坊间传说，如果金丝燕的窝不断被人拿走，它就要一次次被迫筑新巢，直到把血都呕出来，将巢染成红色。这种巢就是燕窝中营养价值最高的“血燕”。

2011年，这个流言被戳破了。燕窝的重要原产地马来西亚的农业部副部长直言，红色燕窝其实不是血所染成，而是山洞中的矿物质渗入燕窝形成的，并且产量极少，红色不均匀。市面上那些红色均匀的血燕，都是用燕粪熏红的，亚硝酸盐严重超标。就算是天然的红燕窝，也不见得更有营养，反而可能带有过量的重金属。那些重金买血燕吃的人，真是当了冤大头了。

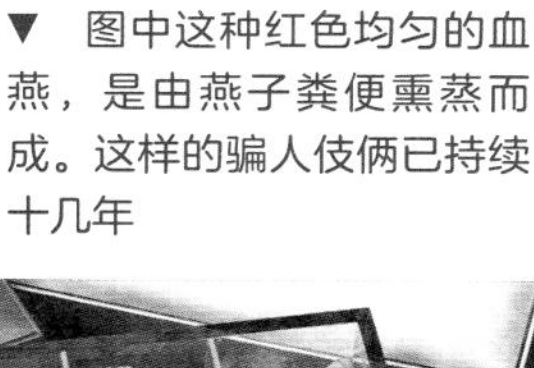

▼ 图中这种红色均匀的血燕，是由燕子粪便熏蒸而成。这样的骗人伎俩已持续十几年

那么，普通的燕窝营养又如何呢？经测算，燕窝中含有50%的蛋白质，30%的碳水化合物，10%的水分和一些矿物质，没啥独特成分。就连最高的蛋白质含量，也比不上豆腐皮。而所谓药效，也从未被临床试验证实。相反，在新加坡，燕窝已经超过了海鲜，成为儿童最大的过敏来源。

所以，还是让燕窝走下神坛，回归一个精致鸟窝的本质吧。

## 海错图笔记的笔记 · 金丝燕和燕窝

◆ 金丝燕没有燕尾，也没有金色的羽毛，黑色的身体上闪烁着一点金属光泽。由于足部极度退化，金丝燕不会站立，只能攀握。

◆ 燕窝建在高高的山洞石壁上。能食用的白色燕窝大多是由爪哇金丝燕和戈氏金丝燕制造的。

◆ 燕窝中所谓的营养物质“唾液酸”，在其他日常食物里也有，且不是人体必需的营养素，甚至人自己就能合成。市面上的“血燕”大部分是燕粪熏制造假而成。

# 海獭

## 【水中灵鼬，亦盗亦友】

◎ 《海错图》中有一幅《海獭》图，但是，中国并没有海獭。那么，这幅图到底画的是什么？

海獭毛短黑而光，形如狗，前脚长，后脚短。康熙二十七年三月，温州平阳徐城守好畜野兽，乳虎、鹿、兔无不取而养饲之。其日兵汛守海边，见沙上有狗脚迹，知必有獭。凡獭在海日潜而食鱼，夜多登岸，乃张网于海岸俟之。至夜果有一獭入其彀中，乃笼送营主，日饲以鱼，养至二年，頗驯愚。按獭善水性，故能入水，狗不能没水。近闻京都有捕鱼之狗，疑狗母与獭接而生之狗，故有獭性，亦犹傅肃之犬，犬与狼接而生，遂易犬性，物理新奇，即此二端可补入《续博物志》。

海獭赞

殃民者盗，害鱼者獭。盗息獭除，民安鱼乐。

## 州的海獭？

康熙二十七年（1688年）三月，温州平阳的守军在巡逻中发现，海边沙滩上有类似狗的脚印。

他们在那儿设下网子，果然，到了晚上，一只野兽从海里钻出来，撞进了网里。兵士围过去一看，是獭。

由于是在海边抓到的，于是聂璜将其称为“海獭”，并作画一幅，看上去是一只似狗非狗的动物。

那么问题来了。我们今天所说的海獭，是那种躺在海上，肚子上放块石头，把贝类在石头上砸碎了吃的动物，而这种动物明明在今天的中国没有分布啊？它喜欢冰凉的水，只生活在日本北海道以北、加拿大、美国。

会不会康熙年间的中国曾有海獭呢？有可能。海獭在近代曾被疯狂猎杀，以获取其皮毛，这使它的分布地大幅萎缩。康熙时期，它的地盘肯定比现在大。而且那时正是气象史上的“明清小冰期”，比今天冷很多，南方多次出现大雪、封冻的记录，喜冷的海獭向南游进中国海，好像很合理。

## 条证据通水獭

但是，当时再冷，能冷到温州都有海獭吗？我看玄。查过各种记载后，我感觉“中国曾有海獭”这件事，可信度并不高。

首先，中国古籍中的“海獭”记载极少，顶多是“海獭生海中，似獭而大，其肉腥臊，脚下有皮如胼拇（连在一起的脚趾），海人剥其皮为帽、为领”。这些叙述，可能说的是海獭，但一些大型的、能下海捕食的水獭也符合这些特征。

其次，仅有的几处记载中，都着重叙述其皮毛，而海獭最标志性的“躺在海面、砸贝壳”习性，却半个字都没有。这意味着，中国人很可能没见过活的海獭。

所以，有三种可能：

1. 中国曾有少量海獭，但十分罕见。

2. 中国压根儿就没有海獭，其皮毛是外国进口的。有关它的知识，都是从观察皮毛以及外国商人口中得知的。

3. 古籍中所谓的“海獭”，可能根本不是海獭，而是在海边生活的水獭。

康熙年间在温州抓的这只野兽，会是哪种情况呢？我们接着看聂璜的文字。

他写道，士兵抓到獭之后，送给了当地一位姓徐的官员。此人爱养动物，见到獭当然十分喜欢，“日饲以鱼，养至二年，颇驯”。

这下就明朗了。海獭不好养，它基本算完全的水生动物，很少上岸，一生都泡在冰冷的海水里，吃海胆、螃蟹和贝类。这种饲养条件很难满足，至今中国没有动物园饲养成功，青岛和大连曾引进过，但都养死了。一个清代人能在温州养海獭两年，天天喂它不爱吃的鱼，还养到“颇驯”，简直不可能。相比起来，水獭不但好养、爱吃鱼，还能很快被驯化，符合《海错图》的记述。

▼ 在设特兰群岛，水獭经常穿越海边公路入海捕鱼，政府立起牌子提醒过往司机注意

▲ 苏格兰海边沙滩上的水獭脚印

翻回头来再看其他疑点：

1. 海獭是白天觅食，夜里躺在水上睡觉，不会在夜里上岸落入网中；但水獭是夜间活动的。

2. 海獭即使上岸，也不会留下狗一样的足迹，因为它的后足已经变成鳍状，前足脚趾也几乎连在了一起；但水獭脚印很像狗。

3. 最重要的是，温州这么暖和的地方，有海獭不科学！有水獭才是正常的。

种种迹象表明，这只温州的野兽，并不是海獭，而是一只在海中觅食的水獭。

## 两个天然呆

说了半天，好多人可能还不知道海獭和水獭怎么区分，我给这二位开个脸儿吧。

1. 大部分成年海獭的整个脑袋是白的，而水獭只有鼻子以下发白，鼻子以上是褐色的。

▲ 海獭整个脑袋发白，鼻子略呈三角形

▲ 水獭上半部脑袋为褐色，鼻子略呈倒梯形

2. 远看上去，海獭的鼻子近似三角形，大尖朝上。水獭的鼻子近似倒梯形。

3. 海獭毛厚，显得胖壮。水獭就显得瘦一些，更流线型。

4. 海獭的后足已经变成鳍状了。而水獭的后足还是足状，只是趾间有蹼。

其实连这些细节都不用看，看气质就可以了。海獭是蠢呆，永远一副“状况外”的脸。水獭也呆，但带着灵气和狡黠，不知道它憋着什么坏主意。

## 海里的水獭

中国有三种水獭：亚洲小爪水獭、江獭和欧亚水獭。亚洲小爪水獭是世界上最小的水獭，江獭是亚洲最大的水獭。而混得最好的，要数欧亚水獭，中国每一个省和自治区都记录过它的存在，甚至在海拔4120米的高原都发现过它。

聂璜在描述那个所谓的“海獭”，也就是水獭时，说了一句：

▼ 亚洲小爪水獭是世界上最小的水獭

◀ 欧亚水獭钻进大海中，捕食海洋鱼类——短角床杜父鱼

“前脚长，后脚短。”画中的獭也是如此，长长的前腿撑起了前半身。实际上，水獭是后腿更长。聂璜有此误解，也许是因为水獭的后腿常常折叠，而脖子很长，在抬头观察四周时，远远看去，很容易把脖子算在前腿的长度里。

大部分水獭生活在淡水里，但沿海的水獭也能入海。比如亚洲小爪水獭和江獭，就有在海边红树林活动的记录。20世纪80年代，广东省昆虫研究所动物研究室在台山县调查，证实沿海咸淡水交界处盛产欧亚水獭和江獭。苏格兰的欧亚水獭更是被拍到成群结队地在海藻丛中抓比目鱼、海螃蟹吃，康熙年间的温州士兵抓到海中的水獭，也就不稀奇了。

## 水獭渔业

徐官员把水獭养到“颇驯”，怎么个驯法呢?

从头捋吧。中国人养水獭，可能从汉代就开始了。西汉的《淮南子・说林训》有一句：“爱獭而饮之酒，虽欲养之，非其道。”意思是，酒对水獭有害，喜欢水獭却喂它酒喝，不是正确的饲养方法。这句话类似于谚语，可能不足为证，但到了南朝梁的《本草图经》，就有实证了：“（水獭）江湖间多有之，北土人亦驯养以为玩。”可以看出，人们最开始养水獭，是用来玩的。

唐代时开始有驯獭捕鱼的了。《酉阳杂俎》记载，唐宪宗时期，均州郧乡县（注：今湖北郧县）有位七十岁的老人，“养獭十余头，捕鱼为业。隔日一放出……无网罟之劳，而获利相若。老人抵掌呼之，群獭皆至，缘襟籍膝，驯若守狗”。能达到这种境界，已近乎道矣。

到了明代，“水獭渔业”更加壮大，甚至有抢鸬鹚饭碗的趋势。湖南永州有不少人专门驯獭，“以代鸬鹚没水捕鱼，常得数十斤，以供一家”。全家人靠水獭就能生活了。

中华人民共和国成立后，水獭渔业依然存在。1959年，湖南麻阳县在《中国畜牧学杂志》上介绍他们的驯獭经验：

“我县饲养的水獭是捕捉野生的，对半年之内的野生小水獭进行调教驯化比较容易……未驯化之前的水獭，每天早晨3点钟左右就骚乱嘶鸣，精神不安。应每天下午3点钟牵它到河边细沙里自由活动2小时，用细沙擦它身上，一天擦3次，每次10分钟。这样做，依然照顾了它的野性习惯，亦可使它疲倦，晚上就不会骚乱嘶鸣……在开始调教时，用一根细木棍每天给它抓痒四五次，避免咬伤人。等它不咬木棍，性情温和了，再用手给它抓痒。这样一般经过4个月就可驯化过来。”

▲　一张中国渔民牵着水獭的老照片。拍摄地点不详，看渔民打扮，可能是西南地区

▼　孟加拉国渔民至今还有驯水獭捕鱼的习俗

除此以外，还有很多要点。比如小水獭不能喂鳖和鳅鱼，大水獭就可以喂；饲养笼附近不能有油，免得黏住獭毛；一旦水獭开始发情，第二天就要赶紧配种，为它泄火，否则就无心捕鱼。

怎样用水獭捕鱼呢？麻阳县渔民先撒下网，网顶留个口，让拴着绳的水獭跳进去。抓到鱼后，水獭就会浮上来，这时提一下绳子，它就把鱼放在船上了。奖励一块鱼肉，轰它下去继续抓。冬天时，鱼都躲在石洞里，更是用水獭的时候。不用撒网，直接放它进河，就能把洞里的鱼拽出来。

一艘小船，一个渔民，一只水獭，每天能抓30千克鱼，最多能抓100千克，养活一家人确实不成问题。

20世纪60年代之后，在各种因素的作用下，水獭渔业逐渐消亡，到今天已经鲜为人知。

## 神秘的獭祭

相传，水獭会在春天和秋天把鱼叼上岸，一条条摆在地上，像摆祭品一样。古人认为这是水獭感恩上天的祭祀行为。在《礼记·月令》里，春天到来的标志是“东风解冻、蛰虫始振、鱼上冰、獭祭鱼”；秋天则出现“木叶落，獭祭鱼”。《淮南子》更认为，人的活动应该顺应天时，开春了要打鱼，也要先等水獭发令：“獭未祭鱼，网罟不得入水。”

水獭真的会祭鱼吗？这个问题困扰我很久了。为此，我四处询问朋友，寻找资料。

果壳网的总编拇姬曾告诉我，他在北京动物园见过“獭祭火腿肠”：一只水獭接过游客的火腿肠，游到对面的岸上摆好，游回来接下一个肠，再运回去摆在第一个旁边，如此往复。这个案例很宝贵，但有可能是圈养个体的独特行为，野生个体也会这样吗？

之后，我在1988年的《野生动物学报》上看到一篇文章：《“水獭祭天”目睹记》。作者是两位边防武警，他们在怒江边巡逻时，发现路上摆着一条活鱼。二人隐蔽起来观察，不一会，一只水獭叼着第二条鱼从江里爬上来，摆在第一条鱼旁边，扭头钻进水里。当水獭摆

▲ 西藏墨脱，野外探索者李成拍到了水獭吃剩的鱼

好第三条鱼时，武警冲出来吓跑了它，把三条鱼背到山寨，和怒族百姓分而食之了。

武警认为，是水獭碰上了鱼群，为了尽可能多抓鱼，就先抓而不吃。虽然这是第一手的野外观察，可毕竟不是专业学者的记载，而且仅有文字，相当可惜。

前不久，野外探索者李成向我提供了第三条线索，这次是图片。他在西藏墨脱拍到了水獭丢在岸上的鱼，只咬了一口，周围都是水獭脚印。

第四条线索，来自1960年《兰州大学学报》的《甘肃南部水獭调查报告》。里面记录："（水獭）有时捉到大鱼，食剩下后遗留岸上。曾发现一条二斤多重的细鳞鱼只剩下尾部，也有吃去头而留下体躯。"

根据这些线索，我倾向于相信"獭祭鱼"是真实的。水獭属于鼬科，这个科的成员以凶残著称，经常进行不必要的捕猎，水獭也是如此。抓鱼是它的最大爱好，吃在其次。尤其是抓到大鱼后，常常是咬几口就丢下，再冲去抓鱼。春天和秋天正是鱼汛的季节，大量出现的鱼成了水獭最好的杀戮玩具，岸边摆满了水獭的战利品，就是所谓"獭祭"了吧。

# 息獭除，民安鱼乐

聂璜还为水獭写了一首小赞，但水獭看了估计想打人：

殃民者盗，害鱼者獭。

盗息獭除，民安鱼乐。

水獭的数量曾经非常多，它们毫不避讳地住在村落周围，夜里就钻进鱼塘，大开杀戒。一只水獭一晚上能杀掉1～2千克鱼，养殖户对此十分头疼。别说古人了，直到1986年，好几本水产杂志上还刊登着《怎样捕除水獭》《防治水獭的经验》之类的文章。文中，各地水产站纷纷贡献自己杀獭的经验：放滚钩、鱼尸里藏炸药、氰化钾毒杀、猎狗捕捉……

其中，兽夹法很受推崇，因为它夹的是水獭的爪子，不会损伤其皮毛。扒下皮卖掉，还能赚一笔。1985年之前，野生动物皮张由国家统一收购，据官方记载，仅1957年一年，就有至少40 000张水獭皮被卖给了政府。1985年之后开放搞活，取消了国家统购统销，一瞬间，各地毛皮商贩涌入乡下，用更高的价格抢购皮张，使村民的捕猎热情空前高涨。这些民间交易无据可查，多少水獭因此被杀，将成为永远的悬案。

▼ 100多年前，美国博物学家奥杜邦画下了这幅画。一只北美水獭被兽夹夹住，发出惨叫

我们只知道，今天的鱼塘主已经不用防备水獭了。水獭们筑巢的河岸被水泥浇筑，家族成员差不多都被扒了皮，清澈的河流已经变脏，养活不了足够的鱼了。

从1986年到今天，短短30多年，水獭，一个曾经多到令人头疼的“害兽”，突然从我们身边消失了。关于它的记忆迅速清零，年轻人已经开始认为它是国外的动物了。

2017年，香港环保机构“嘉道理中国保育”公布了他们的水獭调查结果，从2006年到2016年这10年间，全中国只有17个地点记录到欧亚水獭，2个地点记录到亚洲小爪水獭，大部分在人迹罕至的青海、西藏、云南山区，以及吉林珲春、陕西佛坪、台湾金门、香港米埔这些得到良好管理的保护区。至于江獭，没有记录。

调查的结论是：“这10年记录的数量之低，表明三种水獭在中国都处于灭绝的边缘。”

獭被除了，不知道鱼乐了没有。

## 海错图笔记的笔记·海獭和水獭

- 大部分成年海獭的整个脑袋是白的。水獭只有鼻子以下发白，鼻子以上是褐色的。
- 海獭的鼻子近似三角形，大尖朝上。而水獭的鼻子近似倒梯形。
- 海獭毛厚，显得胖壮。水獭显得瘦一些，更流线型。
- 海獭的后足呈鳍状。水獭的后足为足状，趾间有蹼。
- 海獭白天觅食，夜里躺在水上睡觉。水獭夜间活动。

# 海市蜃楼、雉入大水为蜃

## 【空中楼阁，蜃气化成】

◎ 中国人几千年前就观测到了海市蜃楼，可这和野鸡又有什么关系呢？

蜃此入大水為蜃之雉必非凡雉有龍之脉存焉故字從辰或謂蛇與雉交亦安見其為龍乎不知蛇有為龍之道述異記載虺五百年化為蛟蛟千年化為龍則雉之得交於龍必成異種况雉又為文明之禽一旦應候化而為蜃其抱負之氣終不沉淪遂得流露英華以吐奇氣於兩間堪輿化工之筆共垂不朽此蜃之所以獨鍾於雉而非凡介之所能髣髴也或有起而疑之者曰東南濱海之區吳越閩廣延袤萬里所在產雉所在產雉則所在皆可入海以為蜃而自古至今獨現其跡於登萊何也予謂犹因風湧鼉應雨鳴鱧首戴星魚腦配月鱗介微物種種上符天象奎婁在齊魯之墟是以尼父毓靈元公建國遂成萬古景仰文明之地豈偶然哉易曰雲從龍風從虎聖人作而萬物覩蜃以文明之物聲應氣求敢不湧灌於奎婁之下依附於周孔之門墻乎吾知雉入大水為蜃亦惟在青兖之間以歸海而必不他適也雖他處海上亦或有珠光陰火之異而海市蜃樓獨紀於登萊之境此予之所謂蜃獨從辰者蓋以龍本神物被五色而遊能大能小能幽能明變化無端海中之物得其氣體以貌類者龍蝦是也以氣類者蜃樓是也龍雖為鱗虫之長而序介虫亦必以龍始而以龍終者以明龍之為龍無所不寄也篇海引史記曆書云辰者言萬物之蜃也難解又引莊子以蜃蜮溺謂古人多以為器愚按古典內器以蜃用者甚少惟蜮溺之說見於莊子必有取義

海市蜃樓贊

蝦蟹黿鼉氣聚蜃樓

蜃本雉化来自山丘

凡蚌蜆蟶蚶蛤蜊蠣蠔等物皆海中甲蟲也蜃亦負甲
如蛤而大字獨從辰辰本龍屬與凡介不同其所以屬
龍之故以愚揆之必有深意攷左傳宋文公卒始厚塟
用蜃灰蜃灰如閩廣海濱之蠣灰也其為蛤屬無疑登
州府志載城北去海五里春夏時遥見水面有城郭市
肆人馬往来若交易狀土人謂之海市筆談亦載登州
蓬萊縣納布老人言海市惟春三月東南風為盛見者
城郭樓觀旗幟人物皆具變幻不一或大為峯巒或小
為一畜一物其色青綠類水大率風水氣凝而成西風
北風無之故冬月罕見也然東坡禱於海神歲晚見之
有海市詩愚按納布老人聴説也云風水氣凝而成則
不指蜃矣不知海旁蜃氣象樓臺昔人久已明言無人
不解何必反云風水氣凝乎蜃形如蛤其房膜五色光
華結而為氣遂與日月爭輝雲霞比色所謂玉蘊則山

或曰雉山禽也曷為乎附入海物不知雉雖
山禽而所入者則海而所變者則海中之蜃
也月令亦曰雀入大水為蛤雉入大水為蜃
而爾雅翼則有以別之曰雀入淮為蛤雉入
海為蜃若是乎蜃為海中之物而雉亦得
與鷗鳧等類同附於海上之羽虫也何疑
雉入大水為蜃贊
雉蜃辨變始於月令
齊丘化書從茲取証


▲ 《海错图》里的《雉入大水为蜃》图

# 雉入大水为蜃

有一本对中国社会影响颇大的古书，叫《礼记》，据说是由西汉学者戴圣编纂的。他把战国到秦汉之间的礼仪、社会风俗以及自然现象做了总结。

其中“孟冬之月”（冬季第一个月）会发生这样的自然现象：水始冰，地始冻，雉入大水为蜃。就是说，雉鸡会在冬天钻进“大水”，变成蜃（大蛤蜊）。另一本书《尔雅翼》进一步指出，“大水”就是海。

于是，聂璜在《海错图》中画了一只眼神坚毅地步入海中的雉鸡，并解释道：雉鸡是山禽，为何我把它算作海物？因为它会钻进海里变成蜃。这样一来，雉鸡不就和海鸥一样，算是海鸟了吗？最后还挺横地加了句：“何疑？”意思是“有什么好奇怪的？谁不服？”。

没人不服，您别激动……

## 龙种蛤蜊

聂璜画的雉鸡，在鸟类学里也叫“环颈雉”，是中国最常见的野生雉类。鸟类千千万，凭什么它能变成大蛤蜊?

聂璜是这么分析的：首先，雉鸡不是一般的鸟，是“文明之禽”。自古以来，鸡类就被人赋予“五德”：头戴冠者，文也；足傅距者，武也；敌在前敢斗者，勇也；见食相呼者，仁也；守时不失者，信也。如此厉害的鸟，能变成其他厉害的东西，似乎挺合理。

另外民间传说，蛇能和雉鸡交配产卵，卵遇到雷电就钻进土里，变成蛇形，二三百年后升腾为龙。如果卵没遇到雷，就孵出雉来。聂璜觉得，这种跟隔壁老蛇生下来的雉非同凡响，“必非凡雉，有龙之脉存焉”，化为蜃的一定就是这龙种的雉。

他分析了这么多，其实都没用。现代人都知道，任何一种雉，都不可能变成大蛤蜊。我个人认为，雉入大水为蜃，其实就是另一个不靠谱传说“雀入大水为蛤”的升级版。古人觉得水中众多的小蛤蜊，就像岸边大群的麻雀，于是认为麻雀能变成小蛤蜊。那大蛤蜊是谁变的？估计是比麻雀大的鸟，在常见野鸟里，雉鸡比较大，就选它吧！

虽然我这也不是权威答案，但比聂璜那样瞎猜靠谱点吧。

► 济南唐冶遗址出土的西周蚌镰。上古初民会用大蚌壳磨成镰状，收割庄稼，这类蚌壳制品被称为“蜃器”

# 被怀疑的蜃楼论

虽然中国人从来没搞清过“蜃”到底是哪种蛤，但“海市蜃楼”可是真实存在的。无数人亲眼见过，却无法解释，就猜这是蜃吐出的气幻化而成的。

海市蜃楼长啥样？北宋科学家沈括的《梦溪笔谈·异事》有云：“登州海中，时有云气，如宫室、台观、城堞、人物、车马、冠盖，历历可见，谓之海市。”

但是紧接着，沈括接了句：“或曰蛟蜃之气所为，疑不然也。”

由这句话深挖开去，你会发现，“海市是蜃吐气化成”的说法在古代并不被广泛认可，很多古人都对此表示怀疑，并提出了自己的看法。

明代的郎瑛注意到，海市蜃楼总在春夏出现，而且显现的只是普通景色，不是什么仙宫楼阙。所以他认为，出现海市的地方，以前可能是陆地，存在“城郭山林”，后来沧海桑田，这些地方沉入海底。但“春夏之时，地气发生”，水下遗址的影像被地气熏蒸上来，呈现在空中，成为海市。

明代陆容则认为：“所谓海市，大抵皆山川之气掩映日光而成，固非蜃气，亦非神物。”

清代的游艺提出了一个新的角度：水既然可以像镜子一样映照出景物，那么水汽上升后，应该也能在空中映照出景物，所以海市应该是“湿气遥映”出的远方景色。

明代陈霆声称，海市是“阳焰与地气蒸郁”形成的。

明代叶盛则说：“海市……大率风水气旋而成。”

▶ 这是海市蜃楼的成像示意。它是根据1797年英国学者文斯在英格兰东南部观测到的蜃景绘制的。但这幅画把文斯的原始记录进行了夸张，并不严谨。现实中的蜃景不会高出海平面如此之多，也没有这样巨大

◀ 炎热公路上的下现蜃景。地面上的“积水”其实是天空的倒像。日本人管这叫“逃げ水”，意思是这摊“水”仿佛会逃走，你永远也到不了它的跟前

这些古人不迷信盲从，根据自己独立的思考提出观点，非常可贵。其中有一些已经非常接近科学事实了。

遗憾的是，在这一点上，聂璜做得非常不好。他把这些新观点斥为“臆说”。在他心中，海市蜃楼就是蜃吐出的气，这是定论，没必要再整出别的幺蛾子。他说：“海旁蜃气象楼台，昔人久已明言，无人不解，何必反云风水气漩乎？”

我感觉他是被“雉与蛇交、蜃是龙种”之类的鬼话迷住了。他超级喜欢这些不靠谱的神话，谈到的时候抑制不住内心的兴奋。这从他的行文语气中就能感受到：“蜃尤非凡介之比！”“雉之得交于龙，必成异种！”“蜃……流露英华以吐奇气于两间，堪与化工之笔共垂不朽！”“以愚揆之，必有深意！”

是啊，相比之下，“风水气旋而成”的理论多无聊啊。

## 上现蜃景，下现蜃景

然而真理不是以无不无聊决定的。在科学昌明的今天，我们已经知道，海市蜃楼是大气光学现象，所以阳焰、地气、风水气旋等说法更接近真相。

常见的海市蜃楼有两种：上现蜃景和下现蜃景。前者出现在地平线以上，后者出现在地平线以下。

海上出现的，大多是上现蜃景。春夏之交，海水还比较冷，导致它表面的低层空气也冷，但高层已经有暖空气袭来，下冷上热，上下的空气密度不同，使光线发生折射，让远处物体的图像显现在实际位置的上方。于是，我们看到了远在地平线以下、原本看不到的物体。

下现蜃景大多发生在陆地上。天气炎热时，地面被晒得发烫，低层空气很热，但高层空气较冷，和海上正好相反。于是远处物体的图像显现在实际位置的下方，而且是倒立的。旅行者常在沙漠中看到远处有湖水、水中还有沙丘的倒影，跑过去一看，根本没有水。这就是下现蜃景。那湖水，其实是天空的倒像。沙丘的倒像也呈现在本体的下方，貌似水中的倒影。住在城市的你，不用跑到沙漠，挑个大热天，开车上路，能看到柏油路的尽头仿佛有积水，汽车走在上面还有倒影，这就是下现蜃景。

在海面或者极地，气象条件复杂时，还会出现“复杂蜃景”，就是上现蜃景和下现蜃景的结合。地平线上会出现一堵“光墙”，墙里的景物极其诡异。明人袁可立形容自己见过的海市“高下时翻覆，分合瞬息中”，应该就是复杂蜃景。

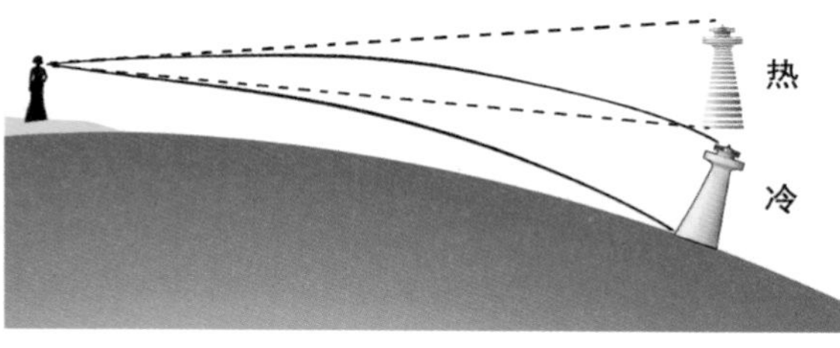


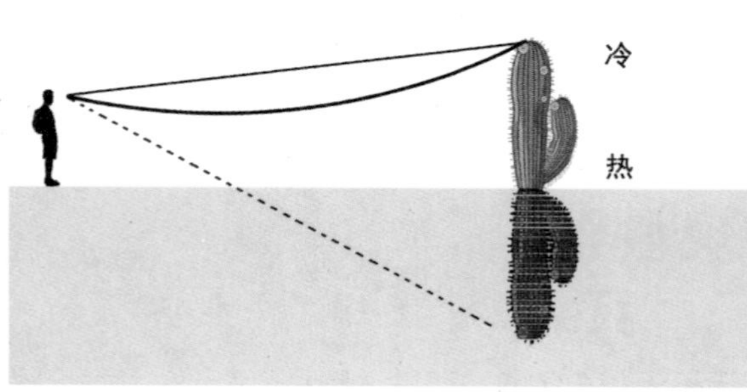


◀ 上现蜃景（上）和下现蜃景（下）原理示意

▼ 复杂蜃景在英语里叫“Fata Morgana”（女妖摩甘纳），相传是女妖营造出的虚幻影像。这幅画中的女妖正在沙漠中变出绿洲的幻象，迷惑旅行者

◀ 复杂蜃景经常会在海面立起一条“光墙”，墙中的景物极度变形。近年有研究认为，泰坦尼克号沉没的原因，就是这种光墙遮挡了远景，使船员没有及时发现冰山

## 为什么是登州？

从古到今，山东登州（今蓬莱、龙口、烟台一带）一直是目击海市蜃楼最频繁的地方。和“吐鲁番葡萄干”“阳澄湖大闸蟹”一样，“登州海市”成了登州的特产。看海市蜃楼，您就得来登州。再具体点，最好到蓬莱，这里是登州的行政中心，是中国观赏蜃景的唯一胜地。

为什么蜃景在这里如此频繁？聂璜也思考了这个问题，并以他最爱的稀奇古怪的思路解释道：

山东是什么地方？是齐鲁之墟！是周公的封地！是孔子的老家！是万古景仰的文明之地啊！蜃是文明之物，这么有灵性，当然要依附在周公、孔子门下啦。所以变蜃的雉鸡，一定是从山东入海的！

好吧，聂璜作为一名儒生，对先师疯狂地崇拜，可以理解。但真正的答案是什么呢？我觉得有以下几点：

1. 登州在北方，四季分明。春夏之交，气温迅速上升，为上现蜃景创造了条件。蓬莱更是位于渤海最狭窄的西部——渤海海峡，在望（满月）、朔（新月）前后会出现大潮汐，大潮把冰冷的底层海水卷到水面，使海水表面的空气变冷，而上层空气已经很热了，于是发生上现蜃景。而冬季大潮时正相反，卷上来的底层海水较暖，利于出现下现蜃景。蓬莱市气象局统计过1980—2007年发生在蓬莱北部的18次海市，发现有16次出现在望、朔日前后5日内，占88.9%，足以证明这一点。

2. 如聂璜所说，山东自古是文明之地，人口稠密，目击者多，文化人多，留下的记载也多。一旦被名人记录（苏轼在登州当过5天太守，写过《登州海市》诗），后人就会慕名而来，导致其越来越有名。其实，秦皇岛、宁波、上海金山都出现过蜃景，甚至洞庭湖都多次出现“湖市蜃楼”，可惜它们都没有名人“加持”，无法与登州海市竞争。

3. 在蓬莱的海面上，散布着32个小岛，统称长岛县。它们离蓬莱很近，在特定的大气条件下，这些平时站在蓬莱岸边就能看到的岛，会悬浮、变形。2002年10月24日，蓬莱北面的大小黑山岛、大竹山岛两头翘起，悬浮于海面之上。岛和岛之间还出现了一串斑点，形状不断变化。渔民称这种平时看得到的景物临时变形的现象为“海滋”。其实，它属于下现蜃景。另外，在蓬莱的北边，正好有一个半岛——辽东半岛伸过来，其尖端是大连。平时从蓬莱望去，大连在海平面以下，看不见。一旦有上现蜃景条件，显示出来的景物会不会就是大连呢？我不敢确定。希望下次蓬莱出现上现蜃景时，有人能辨认一下有没有大连的标志性建筑。

▼ 明代慎蒙的《观海市记》曾有“山抬头张口，海将市矣”的记载。“山抬头张口”正是“海滋”现象的特点，说明古人已经总结出，海滋往往预示着更大规模的复杂蜃景。这是2008年11月17日，青岛栈桥正南方海面上的竹岔岛、驼岛、大石岛和小石岛发生海滋现象。两边翘起，半悬半浮，即所谓“山抬头张口”

◄ 2006年5月7日13：20到14：00，山东蓬莱，八仙渡景区以东海域出现的海市蜃楼，历时40分钟



4. 还有一点，我得单拎出来说。绝大多数人对海市蜃楼并不熟悉，只要登州一带出现任何风吹草动，都容易被指认成海市。这种情况在如今愈发明显。我随手搜了10条关于海市蜃楼的新闻：四条是平流雾（贴地的一层雾挡住了高楼底部，露出楼顶）；两条是网友PS的；一条是网友隔着半开的玻璃窗拍外面，玻璃上映出了旁边的景象；一条是海上临时开来了形状奇怪的大型作业船；一条是平时雾霾太严重，今天突然天儿好了显露出远方的景物；只有一条是真的海市蜃楼。

## 海错图笔记的笔记 · 海市蜃楼

◆ 海市蜃楼是大气光学现象。常见的海市蜃楼有两种：上现蜃景和下现蜃景。

◆ 上现蜃景出现在地平线以上，大多发生在海上。春夏之交，海水较冷，导致海面的低层空气也冷，但高层已经有暖空气袭来，下冷上热，上下的空气密度不同，使光线发生折射，让远处物体的图像显现在实际位置的上方。

◆ 下现蜃景出现在地平线以下，大多发生在陆地上。天气炎热时，地面低层空气热，但高层空气较冷。于是远处物体的图像显现在实际位置的下方，而且是倒立的。

达志：6，9上，12右，20右，29，31，33，34，35，37，43上，45，66，67左，73，74右，79，80右，81，85，93，94上，95右，97，104，105右，106左，107左，108，109，119下，126，127，128左，129左上，129右，130，131，134下，135，138，150左，166，170，172，176，178左，179，183右，191右，194，197，206，207左下，213下，214左，219，220，221，222，223右，226，234右

全景：8，9下，19左，22，24右，25上，25右下，42，43下，51，94下，99左，110，116，125上，129左下，136，137，140，141，169下，215，232，233，235

严莹：12左，13，15下

王炳：14

刘晔：15上

视觉中国：19右，24左，32，36，68左，69，74左，95左，96，98，99右，100，101左，106右，125下，157下，159，160，161下，162，163，178右，207右下，212，214右，231，236，237

张辰亮：20左，21上，23，57，58，59，64，67右，80左，84，87下，111，118，119上，146右下，151

张瑜：21下，190右

唐志远：25左下，147上，149，177右，180右

郑秋旸：50，154，155，158，183左，234左

孟凡萌：53，168

朱锐：55

东方IC：86，89

高品：101右，121，134上，150右，167，169上，171，173，223左

苏义：107下，199

Universal History Archive：120

青川：146左上，193右

李李：147左下，148

董克平：161上

陈奕宁：186

LadyFiona/图虫创意：191下

徐刚：201

吴超：207上，208

李成：225